PHYSIOLOGIE,

OU

L'ART DE CONNAITRE

LES HOMMES,

SUR LEUR PHYSIONOMIE.

SECONDE PARTIE.

PHYSIOLOGIE,

OU

L'ART DE CONNAITRE

LES HOMMES,

SUR LEUR PHYSIONOMIE.

Ouvrage extrait de LAVATER et de plusieurs autres excellens auteurs, avec des observations sur les traits de quelques personnages, qui ont figuré dans la révolution Française.

Par J. M. PLANE.

A MEUDON,

DE L'IMPRIMERIE DE P. S. C. DEMAILLY,
L'AN 1797 (V. S.)

1
2
3
4
5

PHYSIOLOGIE,

O U

L'ART DE CONNAITRE

LES HOMMES,

SUR LEUR PHYSIONOMIE.

IV. DIVISION.

Des effets de l'imagination qui ont rapport à la Phy-siologie.

CHAPITRE PREMIER.

Ressemblance des parens avec leurs enfans.

LA ressemblance des parens avec les enfans est un des phénomènes

2

les plus indubitables de la nature, et en même tems, un des plus difficiles à expliquer. D'après *Buffon*, c'est le mélange des parties organiques du mâle, et de la femelle qui produit le fétus. Il faut par conséquent que l'enfant tiennedu père et de la mère, et qu'il ressemble à l'un des deux plus ou moins, ou plutôt à tous les deux ensemble.

Plusieurs auteurs ont attribué cette ressemblance à l'effet de l'imagination. La mère, disent-ils, au moment de la conception, est vivement occupée de l'idée de celui qui partage ses plaisirs, ou de celle d'un objet aimé, ou enfin, de celle d'un père ou d'un époux par qui elle craint d'être surprise. Ce sont ces phantômes que l'amour ou la crainte présentent à son esprit, qui opèrent la ressemblance.

Un auteur Anglais qui a écrit sur les physionomies , remarque à ce sujet que les enfans du second lit ressemblent au premier mari , à cause du souvenir que la femme conserve de l'époux qu'elle a perdu. Ce même auteur , tout persuadé qu'il est des effets de l'imagination , convient néanmoins que cette extravagance est portée un peu trop loin par les Italiens. Ceux-ci prétendent que les enfans qui ressemblent considérablement à leur père , sont ordinairement le fruit du crime , parce qu'ils supposent que la femme au moment de l'adultère, a l'imagination préoccupée de l'idée d'être surprise par son mari, et que cette image présente à sa pensée , fait naître un enfant qui ressemble à celui qui n'est pas le véritable père. Mais

(continue l'auteur) si cette crainte produisait un tel effet, les enfans ressembleraient au mari, non dans son état naturel, mais dans le moment de rage, que devrait exciter en lui la vue de sa femme adul-tère ; car ce n'est pas l'homme qu'elle redoute, mais sa colère et sa vengeance.

Lavater, a adopté de pareilles idées sur les effets de l'imagina-tion ; je vais rapporter presque en entier son chapitre des influences de l'imagination sur la formation de l'homme, sur sa physionomie et son caractère.

« Notre imagination opère sur notre physionomie ; elle l'assimile en quelque sorte à l'objet aimé ou haï ; la physionomie d'un homme fortement épris, surtout aux mo-mens où il ne se croit remarqué de personne, emprunte, j'en suis sûr, quelques traits de l'amante chérie dont son esprit s'occupe, que son imagination lui reproduit, et que sa tendresse se plait à embellir. Cette espèce d'analogie physionomique n'échapperait certainement pas à un observateur exercé ; tout comme il serait aisé de démêler dans l'air farouche d'un homme vindicatif, quelques traits de l'adversaire dont il médite la défaite : ainsi notre visage devient quelquefois le tableau des objets que nous affectionnons ou qui nous répugnent particulièrement ».

Cette remarque me parait d'une grande vérité ; et elle sert parfaitement à expliquer pourquoi le premier mouvement d'un enfant en colère, est de contrefaire celui qui lui déplait.

« L'imagination de la mère influe sur son enfant, et voilà pourquoi l'on cherche à distraire les femmes pendant leur grossesse, à les repaître d'idées riantes, et à les entourer même d'objets agréables. Mais, à mon avis, ce n'est pas tant la vue d'une belle forme ou d'un beau portrait, ni tel autre moyen semblable qui produira l'effet desiré. — Il faut l'attendre plutôt de l'intérêt que ces belles formes nous inspirent dans certains momens.

» Nous voyons souvent des enfans qui naissent parfaitement constitués en apparence, et qui dans la suite prennent des vices de conformation dont l'imagination, ou le pressentiment de la mère avaient été frappés, soit avant, soit après, soit pendant la conception. Si les femmes pouvaient tenir un régistre

exact des accidens les plus remarquables qui leur sont arrivés pendant
leur grossesse , si elles pouvaient
combiner les émotions qu'elles ont
senties , rendre compte de secousses que leur ame à éprouvé dans
cet état , elles pourraient peut-être
prévoir les révolutions physiques et
morales, par lesquelles chacun de
leurs enfans doit passer ; et fixer
d'avance les principales époques
de la vie de ces enfans. Lorsque
l'imagination est puissamment agitée
par le desir, par l'amour, ou la haine,
un seul instant suffit pour créer ou
pour anéantir , pour agrandir ou
pour retrécir , pour former des géans ou des nains , pour décider la
beauté ou la laideur — elle imprè-
gne alors le fétus organique d'un
germe de faiblesse , de sagesse ou
de folie , de proportion ou de dis-

proportion, de santé ou de maladie; de vie ou de mort; et ce germe
ne se développe ensuite que dans
un certain tems ou des circonstances données.

» Il y a des enfans qui naissent
avec des *envies*, c'est-à-dire, avec
des défectuosités ou des marques
qui sont la suite d'une impression
forte et subite, reçue par la mère
pendant sa grossesse. Tantôt c'est
l'empreinte d'une main sur la même
partie que la femme enceinte a
touchée dans un moment de surprise; tantôt c'est une aversion insurmontable pour les mêmes objets
qui ont répugné à la mère pendant
sa grossesse; en un mot des marques de différentes espèces nous
prouvent que l'imagination d'une
femme enceinte, excitée par une
passion momentanée, opère sur l'en-

fant qu'elle porte dans son sein.

» Parmi la foule d'exemples qu'on pourrait citer, choisissons-en deux dont on m'a garanti l'authenticité.

» Une femme enceinte jouait aux cartes et en relevant son jeu, elle voit que pour faire un grand coup, il lui manque l'as de pique. La dernière carte qui lui rentre est effectivement celle qu'elle attendait. Une joie immodérée s'empare de son esprit, se communique comme un choc électrique, à toute son existence — et l'enfant qu'elle mit au monde porta dans la prunelle de l'œil la forme d'un as de pique, sans que l'organe de la vue fut d'ailleurs offensé par cette conformation extraordinaire.

» Voici un fait encore plus étonnant. Une dame de Rhintal, voulut assister dans sa grossesse au supplice d'un criminel qui avait été condamné à avoir la tête tranchée et la main droite coupée. Le coup qui abattit la main effraya tellement la femme enceinte, qu'elle détourna la tête avec un mouvement d'horreur, et se retira sans attendre la fin de l'exécution. Elle accoucha d'une fille qui n'eut qu'une main ; l'autre main sortit séparément, d'abord après l'enfantement.

» Après avoir soutenu que les affections de la mère influent sur l'enfant au physique, je dirai même qu'elles peuvent produire aussi des effets moraux. On m'a parlé d'un médecin qui ne sortait jamais de la chambre de ses malades, sans y dérober quelque chose. Il oubliait ensuite ensuite ses vols, et sa femme ne manquait jamais le soir

(15)

de visiter ses poches, pour en re-
tirer des clés, des tabatières, des
étuis, des ciseaux, des lunettes,
des boucles etc. , qu'elle fesait res-
tituer aux propriétaires.

» On cite encore l'exemple d'un
enfant mendiant qui , à l'âge de
deux ans , avait été recueilli par
une famille noble. On lui donna
une éducation soignée et il réussit
à merveille — mais jamais il ne put
se défaire de l'habitude du vol. Il
faut donc supposer que les mères
de ces deux voleurs extraordinaires
avaient des penchans analogues
pendant leur grossesse. Ces sortes
de personnes sont plus à plaindre
qu'à mépriser. Selon toute apparence , leurs actions sont tout aussi
involontaires, tout aussi machinales
que le mouvement des doigts, ou
telles autres distractions auxquelles

nous nous laissons aller souvent, dans
des méditations sérieuses, et dont
nous n'avons pas le moindre souvenir. Quant à nos deux voleurs,
j'imagine que leur funeste habitude
ne fesait pas plus de tort aux sentimens de leur cœur, que la prunelle en forme d'as de pique ne
nuisait à la vue de l'enfant dont
nous avons parlé. Vraisemblable-
ment aussi, ils n'avaient pas des
physionomies de frippon ; du moins
suis - je sûr qu'on ne leur aurait
point trouvé ce regard avide, sour-
nois et fourbe, qui appartient aux
voleurs de profession.

» L'hypothése que j'ai essayé d'é-
tablir, peut encore, à ce que je
crois, être rapportée aux géans et
aux nains, du moins à ceux qui
le sont accidentellement. C'est un
regard concentré de la mère, qui

forme les uns et les autres. Quoiqu'il en soit, on trouverait difficilement un seul géant ou un seul nain entièrement sain d'esprit et de cœur, c'est-à-dire au même dégré que mille autres individus régulièrement constitués. Nouvelle preuve évidente que dans toutes ses productions la nature est vraie et qu'elle ne s'écarte jamais sans cause de ses règles de proportion. Une grande faiblesse d'esprit est l'apanage ordinaire des géans. — Celui des nains, une stupidité grossière ».

Je suis bien loin de partager les opinions de *Lavater* pour ce qui regarde les signes dont certains enfans sont marqués, en venant au monde. Quelle liaison peut-il y avoir entre un tel effet et une telle cause ? Si l'on disait que l'imagination vivement affectée d'une femme produit sur elle-même un signe qui représente l'objet de son desir, ce serait déjà une chose bien extraordinaire : mais prétendre que l'enfant doit porter les marques d'une idée bizarre de sa mère, ce serait affirmer une chose aussi miraculeuse et aussi incompréhensible que le péché originel. Or pour tout ce qui n'est pas article de religion, on ne doit pas avancer une chose incroyable sans en donner quelque preuve.

Quant aux deux voleurs dont parle *Lavater*, je crois que si un médecin a la manie de voler, c'est plutôt une *envie* de sa part, qu'une *envie* de sa mère. Et si un pareil système était vrai, combien serait ridicule un pauvre enfant dont la mère dans certains momens de desir, porterait la main au bout de son nez. Certes on verrait de pareilles

envies plus souvent que celles d'une
cerise ou d'une groseille. Et par la
même raison on verrait rarement
venir au monde des filles ; car à
coup sur la mère s'occupe plus rarement d'elles que des garçons.

Le jésuite *Lafiteau*, a prétendu
que les Caraïbes n'étaient rouges ,
et les Négresses noires , qu'à cause
de l'habitude de leurs premiers pères
de se peindre en noir ou en rouge.
Il arriva dit-il que les Négresses
voyant leurs maris teints en noir ,
en eurent l'imagination si frappée
que leur race s'en ressentit pour
jamais. La même chose arriva aux
femmes Caraïbes , qui , par la même
force d'imagination , accouchèrent
d'enfans rouges. Il rapporte l'exemple des brebis de *Jacob* qui naqui-
rent bigarrées , par l'adresse qu'avait
eu ce Patriarche , de mettre devant

leurs yeux des branches dont la moitié était écorcée ; ces branches paraissant à-peu-près de deux couleurs, donnèrent aussi deux couleurs aux agneaux du patriarche. Mais le jésuite devait savoir que tout ce qui arrivait du tems de *Jacob* n'arrive plus aujourd'hui.

Si on avait demandé au gendre de *Laban* pourquoi ses brebis, voyant toujours de l'herbe, ne fesaient pas des agneaux verds, il aurait été bien embarrassé. (*)

(*) Lisez Voltaire, dans son discours préliminaire sur les mœurs et esprit des nations.

CHAPITRE II.

Des Songes et des Pressentimens.

L'IMAGINATION, quand elle est animée par le sentiment et par la passion, opère non-seulement sur nous mêmes et sur les objets qui sont devant nos yeux — elle travaille encore dans l'absence et dans l'éloignement ; l'avenir même est compris dans le cercle de son activité inexplicable. L'image d'un ami expirant s'offre à nous, et excite dans notre ame une sombre tristesse, que tous nos efforts ne peuvent dissiper, et bientôt nous apprenons la triste nouvelle de sa mort. Souvent un funeste pressentiment dont nous ignorons la cause nous avertit d'un danger qui nous menace, nous nous reprochons nos craintes comme indignes de nous : mais bientôt l'évènement les justifie. Il est rare qu'une personne échappée à un danger imminent, ou qui a éprouvé un grand malheur ne se souvienne parfaitement d'une voix secrète, qui l'en avait avertie. Pourquoi l'aspect de telle maison isolée, ou de telle auberge dangereuse, a-t-il pour nous quelque chose de sinistre qui nous glace, au moment où nous sommes prêts d'y entrer ? Les songes ont aussi leur vérité. Il serait, je le sais, d'un cœur faible et sans énergie de céder à mille terreurs paniques, à mille chimères, que le sommeil enfante, et que l'homme courageux doit mépriser : mais faut-il pour cela rejetter indifféremment toutes les pensées qu'un pressentiment utile peut réveiller en nous ? ces mêmes songes, que nous regardons comme un tissu d'extravagances ridicules, nous présentent quelquefois des apperçus aussi vrais que rapides. Dans le calme du sommeil , au milieu de la nuit profonde , tous nos sens assoupis et isolés de la nature entière , ne mettent plus d'obstacle au cours de cette substance infiniment subtile, dont rien ne peut arrêter le mouvement ; alors l'imagination seule vit en nous et plane sur ce vaste univers. Le présent , le passé se présentent à nous. L'avenir même s'ouvre à l'éclair de la pensée. La nuit des tombeaux ne peut arrêter son vol rapide. Comme une fée puissante elle évoque les mânes ; elle nous fait voir , entendre celui que la mort nous a enlevé.

La vérité j'en conviens , se pré-

sente à nous entourée de chimères
et de vains phantômes ; plus le cours
de nos esprits est précipité , moins
notre jugement a de pouvoir et de
justesse. Il ne nous reste que la
seule perception : mais elle nous
reste dans toute sa force. Et de
même que si nous sommes privés
d'un sens , ceux qui nous restent
se fortifient par l'absence de celui
que nous avons perdu , de même
aussi toutes nos facultés intellectuelles se tournent alors vers le point
unique dont elles sont entièrement
occupées. Je pourrais rapporter ici
divers phénomènes qu'on ne saurait
révoquer en doute : mais je ne parlerai que de ce que j'ai moi-même
éprouvé. Il m'est souvent arrivé et
surtout étant au collège , de rêver
que je composais des vers. Ils se
présentaient à moi sans gêne et

sans effort, et je trouvais dans quelques secondes ce qui m'aurait couté dans le jour plusieurs heures de travail. Je me réveillais quelquefois au milieu d'un pareil songe, et je tachais de me rappeller les vers que mon imagination venait d'enfanter. Ceux que ma mémoire avait retenus se trouvaient très exacts, et la plupart du tems meilleurs que ceux qui m'avaient coûté beaucoup de tems et d'attention.

Tout le monde connaît l'aventure singulière qui donna lieu à la fameuse sonate du Diable. Un musicien Italien rêva que le Diable lui apparaissait et jouait du piano devant lui. Jamais des sons si harmonieux, jamais une composition si brillante n'avaient frappé son oreille. Il se réveille en sursaut, et le souvenir encore plein de ce qu'il vient d'entendre il se lève, court à son piano , et enchanté de retrouver plusieurs passages dont il conserve le souvenir, il les trace sur le papier. C'es la meilleure musique qui nous soit restée de ce célébre compositeur.

Les Historiens racontent que *Henri IV* étant à jouer quelques jours avant la saint-Barthélemi, crut voir à plusieures reprises des gouttes de sang répandues sur la table de jeu, et qu'il s'éloigna avec une secrette horreur. Je ne dirai point que ces gouttes de sang annonçaient celui qui devait ruisseler dans Paris ; je ne dirai point qu'une puissance invisible lui annonçait le danger qui menaçait son parti. Je ne cherche à accréditer ni les visions, ni les prophéties ; mais je vois en cela que l'imagination de *Henri* avait

sans doute été frappée de quelques
évènemens peu remarquables en
eux - mêmes et auxquels il ne s'é-
tait point arrêté. C'était peut-être
quelques mots échappés aux courtisans de *Charles IX ;* peut-être un
certain air mystérieux qui règnait
sans doute à la cour ; peut-être enfin , avait-il lu dans les yeux de
quelques conjurés, les projets sinis-
tres qui les occupaient. En un mot
la physionomie de tout ce qui l'en-
tourait avait fait naître en lui plusieurs idées auxquelles son courage
ne lui permettait point de donner
une grande importance, et que son
imagination conservait malgré lui.
Il est possible que le jour dont
nous venons de parler , un effet
sans doute naturel, et produit par
un simple reflet de lumière, réveil-
lât dans l'ame de ce Prince le sou-

venir de ce qui avait déja frappé son imagination , et le saisit d'une terreur involontaire.

Balthazar croyant voir au milieu d'un festin une main qui traçait son arrêt, sur le mur de son palais, cédait dans ce moment au mouve- ment de son imagination , qui lui fesait pressentir la conjuration qui se tramait contre lui , et qui devait lui faire perdre à la fois la couronne et la vie.

Ne croyez pas que j'aie la ridicule envie de vouloir vous persuader qu'il est bon d'écouter les pressen- timens ou les songes, et de prévoir les funestes accidens dont ils peu- vent être les avant-coureurs. Certes, la vie serait trop courte, si nous voulions l'employer à calculer tous les dangers qui menacent notre frêle existence. Une telle prévoyance fe-

rait de la vie un tourment continuel.
Marchons sans crainte au milieu des
abimes qui nous environnent, et
laissons au destin le soin de regler
le sort qui nous attend. Ne fesons
point de vains efforts , pour lire
dans l'avenir, dans ce livre éternel
qui fut et sera toujours fermé à nos
faibles yeux.

Je veux seulement vous dire qu'il
est bien des évènemens de la vie
peu remarquables en eux-mêmes
qui ont cependant une espèce de
physionomie qui n'échappe point à
notre imagination , et qui excitent
en nous certains pressentimens involontaires , semblables à cet instinct
des animaux, qui leur fait prévoir et
annoncer, sans savoir pourquoi, le
beau tems qui va briller , ou l'orage
prêt à gronder sur leur tête. Notre
instinct serait aussi vrai que ce-

lui des animaux , si nous savions écouter sa voix , et si elle n'était la plûpart du tems étouffée par nos réflexions et nos préjugés plus trompeurs encore que nos songes. Apprenons donc à distinguer ces apperçus physionomiques et vrais de notre imagination , d'avec les visions ridicules et extravagantes qui s'offrent souvent à notre esprit. Et nous apprendrons peut-être par expérience que les pressentimens vrais ou faux, justes ou insensés , ont des espèces de physionomies aussi différentes que celles de la sagesse et de la folie.

Je sais que de tout tems on a abusé de la crédulité des esprits faibles pour les maîtriser en leur inspirant de vaines terreurs. Il y a toujours eu des hommes qui ont entrepris d'expliquer les songes , comme aussi de prédire la destinée

des personnes et de lire dans l'a-
venir d'après des signes particuliers,
tels que le vol des oiseaux, ou les
entrailles fumantes d'une victime.
C'est-à-dire, qu'il y a toujours eu
des prêtres et des charlatans de toute
espèce.

Les songes, ont toujours été
une source de superstition dans
toute la terre. Je suis inquiet
pendant la veille de la santé de
ma femme, de mon fils, je les
vois mourans pendant mon sommeil, ils meurent quelques jours
après : il n'est pas douteux que les
dieux ne m'aient envoyé ce songe
véritable. Mon rêve n'a-t-il pas été
accompli : c'est un rêve trompeur
que les Dieux m'ont député. Ainsi
dans *Homère*, *Jupiter* envoie un
songe trompeur au chef des Grecs
Agamemnon. Tous les songes vrais

ou faux viennent du Ciel. Les oracles s'établissent de même par toute
la terre.

Une femme vient demander à
des mages si son mari mourra dans
l'année. L'un lui répond oui, l'autre
non. Il est bien certain que l'un
d'eux aura raison ; si le mari vit,
la femme garde le silence ; s'il
meurt, elle crie par toute la ville
que le mage qui a prédit cette mort
est un prophète divin. Il se trouve
bientôt dans tous les pays des hommes qui prédisent l'avenir, et qui
découvrent les choses les plus cachées. Chaque temple a ses oracles
et ses sibylles. Parmi les nombreu-
ses prédictions énoncées d'une manière mystique et inintelligible, il
se trouve qu'à force de commen-
taires et d'explications on croit deviner un sens aussi obscur que l'antre

de la sibylle. On en fait une application forcée, et en voilà assez pour établir la divinité des oracles. L'infaillibilité du grand prêtre devient aussi sacrée chez les bonnes gens du paganisme, que l'est devenue pour nous pendant plusieurs siècles l'infaillibilité du Pape. Les prêtres de toutes les religions ont donc cherché, dans tous les tems, à regner au nom de la Divinité.

« Il semble, dit *Voltaire*, que la plupart des anciennes nations aient été gouvernées par une espèce de théocratie. Commencez par l'Inde, vous y voyez les brames long-tems souverains ; en Perse, les mages ont la plus grande autorité.

» Si nous descendons chez les Grecs, leur histoire, toute fabuleuse qu'elle est, ne nous apprend elle pas que le grand prêtre *Calchas*, avait assez de pouvoir dans l'armée pour sacrifier la fille du Roi des Rois ?

» Descendez encore plus bas , chez des nations postérieures aux Grecs ; les druides gouvernaient la nation Gauloise.

» Il ne paraît pas même possible que dansles premières peuplades , on ait eu d'autres gouvernemens que la théocratie ; car dès qu'une nation a choisi un Dieu tutélaire , ce Dieu a des prêtres. Ces prêtres dominent sur l'esprit de la nation ; ils ne peuvent dominer qu'au nom de leur Dieu ; ils le font donc toujours parler ; ils débitent ses oracles , et c'est par un ordre exprès de Dieu que tout s'éxécute.

» C'est de cette source que sont venus les sacrifices de sang humain qui ont souillé presque toute la terre. Quelle mère aurait jamais pu

abjurer la nature au point de pré=
senter sa fille ou son fils à un prêtre
pour être égorgés sur un autel ,
si on n'avait pas été certain que le
Dieu du pays ordonnait ce sacrifice ?

» Non-seulement la théocratie a
long-tems régné , mais elle a poussé
la tyrannie aux plus horribles excès
ou la démence humaine puisse parvenir , et plus ce gouvernement se
disait divin , plus il était abominable.

» Presque tous les peuples ont
sacrifié des enfans , croyant recevoir cet ordre dénaturé de la bouche
des Dieux qu'ils adoraient ».

Les Gaulois , les Germains eurent
cette horrible coutume , les druïdes
brulèrent des victimes humaines
dans de grandes figures d'osier :

des sorcières chez les Germains, égorgeaient les hommes dévoués à la mort et jugeaient de l'avenir par le plus ou moins de rapidité du sang qui coulait de la blessure.

L'orsqu'on songe à quel point les prêtres ont abusé de la crédulité des hommes pour les porter aux plus horribles excès de cruauté ou de superstition, pourrait-on s'étonner qu'il ait existé aussi des sorciers, des devins, des prophètes, des magiciens ?

La Nécromancie (*), la Chiro-

___

(*) Les *Nécromanciens* étaient une espèce de magiciens qui prétendaient communiquer avec le diable et avoir par lui la faculté de faire apparaître les morts, et d'opérer des choses surnaturelles. C'est par l'art de la *nécromantie* que la *Pythonisse* fit paraître, dit-on, à *Saül* l'arme de Samuël.

mancie (**) sciences absurdes et fabuleuses, ont répandu dans presque tous les pays connus, leurs principes et leurs dogmes insensés. Mais le genre humain ne serait-il pas trop heureux s'il n'avait jamais adopté que d'innocentes folies et si ses égaremens n'avaient servi qu'à faire rire la postérité, aulieu de lui préparer tant de sujets de deuil et de regrets !

(**) Les *Chiromanciens* devinaient les aventures des personnes, et leur prédisaient leur destinée, en regardant les lignes et les linéamens de la main.

CHAPITRE III.

De la Sympathie.

Tout le monde a entendu parler de l'*Androgine* de **Platon**. Il prétendait que l'homme et la femme ne fesaient ensemble qu'un même tout; que ce tout avait un mélange parfait des quatre humeurs; que le chaud et le sec, le froid et l'humide étaient distribués comme ils devaient l'être, et tempérés les uns par les autres; que pour faire l'homme et la femme, ce tout fut divisé en deux parties. Le chaud le sec restérent d'un côté, le froid et l'humide de l'autre, la première constitua l'homme et la seconde la femme. C'est sur ce partage que *Platon* fondait l'amour des deux sexes : il expliquait cet amour plus ou moins grand, d'après le plus ou le moins de rapport qu'avaient les parties séparées. Et quant aux sympathies extraordinaires et pour ainsi dire inévitables, elles viennent, d'après son système, de la rencontre des deux parties d'un même tout. On pourrait dire encore que ceux qui s'aiment et font un mariage d'inclination, puis se haïssent et finissent par se séparer, ont été trompés par une apparence de ressemblance, dont ils ne reconnaissent la fausseté, que lorsqu'il n'est plus tems d'y remédier.

C'est une conformité d'humeur ou d'organes, ou l'une et l'autre, qui font les sympathies qui nous étonnent, comme c'est leur contrariété qui fait les antipathies et les aversions.

J'ai déja remarqué, d'après *Lavater*, que nos traits empruntaient quelque chose de l'objet de notre amour ou de notre haine.

« Il nous arrive ordinairement, dit-il, de prendre les gestes et les mines de ceux que nous fréquentons familièrement. Nous nous assimilons en quelque sorte à tout ce que nous affectionnons, et de deux choses l'une, ou c'est l'objet aimé qui nous transforme à son gré, ou c'est nous qui tâchons de le transformer au notre. Tout ce qui est hors de nous agit sur nous, et éprouve une action réciproque de notre part : mais rien n'opère aussi efficacement sur notre individu que ce qui nous plait. Notre visage conserve, si j'ose m'exprimer ainsi, le reflet de l'objet aimé : mais ce qui nous le rend aimable n'est autre chose que la convenance qu'il a avec nous. Il y a des visages qui s'attirent les uns les autres, tout comme il y en a qui se repoussent : la conformité de traits entre deux individus, qui sympathisent ensemble et se fréquentent souvent, marche de pair avec le développement de leurs qualités , établit de l'un à l'autre une communication réciproqne de sensations, et opére enfin une certaine ressemblance dans leurs physionomies.

» Une longue suite de chagrins avait rendu un homme presque méconnaissable. Ses yeux s'enfoncèrent et devinrent hagards , les ailes du nez remontèrent, le bout des lèvres s'affaissa , les joues se creusèrent. Deux lignes perpendiculaires, placées entre les sourcils, immédiatement au-dessus du nez, s'agrandirent et produisirent plusieurs rides qui sillonnaient le front en travers, en un mot tous les traits se renfoncèrent et demeurèrent long-tems dans cet état de contrainte.

» Une situation aussi fâcheuse allarmait vivement une épouse qui l'aimait, et qui en était aimée. Accoutumée à s'asseoir vis-à-vis de lui à table, elle le fixait sans cesse d'un œil de compassion. Elle étudiait soigneusement et dévorait, pour ainsi dire, avec un intérêt avide, chaque trait, chaque variation, chaque nuance qui semblaient présager la diminution ou l'accroissement du mal. Les observations attentives l'avaient exercée à démêler tous les mouvemens qui agitaient l'esprit de son mari. Aucun nuage passager n'échappait à sa tendresse vigilante. Qu'arriva-t-il à la fin ? le spectacle touchant qui l'occupait sans relâche, altéra sa physionomie, et finit par l'assimiler à celle de son époux. Elle tomba dans la même maladie, mais par un traitement bien entendu, ils parvinrent l'un et l'autre à se rétablir. La femme fut au comble de la joie, sa physionomie s'éclaircit et les traits de la mélancolie s'effacèrent en voyant disparaître celle de son mari ».

Outre ce rapport, cette convenance de deux personnes habituées à vivre ensemble et qu'on pourrait appeller *Sympathie d'habitude*, il en est une plus puissante encore, et plus inexplicable, c'est celle qui s'établit entre deux êtres sensibles qui se voyent pour la première fois. Qui pourrait exprimer ce penchant involontaire, ce mouvement spontané qui les rapproche et les enchaîne l'un à l'autre par une force invincible ! Tout les obstacles se réuniraient en vain pour séparer deux cœurs entraînés par la sympathie. Ainsi l'aimant s'attache au métal qui ne peut se séparer de lui. Est-ce la ressemblance d'esprit, de caractère, de physionomie, ou de tempérament, qui produit la sympathie?.... Non — les plus grandes différences dans les individus, les humeurs les plus opposées, les contrastes les plus frappans ne peuvent détruire ce charme secret et insurmontable.

La sympathie est aussi difficile à expliquer en *physiologie*, que la cohérence des corps en physique. Par quelle force les différens atômes qui composent un bloc de marbre sont-ils attachés de manière qu'il faut faire effort pour en former la séparation ? c'est un phénomène qui se présente sans cesse sous nos yeux ; et qu'aucun physicien n'a jamais entrepris d'expliquer.

Tout est uni dans la nature; un enchaînement irrésistible agit sur tous les corps. Les soleils inombrables qui brillent au haut des cieux , les planètes qui dans leur cours périodique embrassent un espace immense , et décrivent sans cesse un cercle invariable.— Quelle est cette main qui conduit ces globes étincelans dont l'œil ne pourrait soutenir l'éclat, si une distance effrayante pour l'imagination , ne les avait fixés si loin de nous, qu'à

peine pouvons nous les appercevoir ?
le jour succède à la nuit, les années , les siècles s'écoulent, sans
rien changer à cet ordre immuable
qui les engloutit tour - à - tour dans
le gouffre immense de l'éternité.

La mer élève jusqu'aux nues se
vagues écumantes, et retombe en
mugissant au fond de ses abîmes.
Envain les vents conjurés s'éffor-
cent d'enlever les flots , un poids ,
une sympathie irrésistible les fait
aussi - tôt retomber vers le centre
commun ou la nature a fixé leur
place.

Considérez l'aiguille aimantée
cherchant toujours le pôle qui l'attire et qui peut seul la fixer. Ainsi
chaque substance cherche celle à
laquelle elle doit s'unir. La plus
petite fleur choisit dans les entrailles de la terrre ce qui doit conve-

nir à sa substance , chaque atôme se joint par une vertu sympatique à l'atôme qui lui convient, et forme successivement la tige , les feuilles, et la fleur, qui laisse en expirant son principe de reproduction. Le chêne altier dont la cime perce la nue , puise dans le sein de sa mère ce qui doit le vivifier , la séve s'élance et va porter la vie aux plus petites feuilles , et aux branches les plus élevées.

Dira-t-on qu'une main toute puissante guide ces ressorts secrets qui donnent le mouvement à tous les êtres, ou qu'une providence infinie veille sans cesse à la distribution de toutes les substances? Quelle que soit cette cause invisible , l'athée et le théiste , seront forcés d'admettre une loi de sympathie à laquelle rien ne résiste , loi suprême sans

láquelle tous les mondes confon-
dus se perdraient dans l'immen-
sité de l'espace , se réduiraient en
poudre , et retomberaient dans le
cahos.

Cette tendance réciproque des
corps inanimés a été de tout tems
un phénomène inexplicable parmi
les physiciens , les uns l'ont ap-
pellée attraction ; les autres l'ont
attribuée à l'impulsion d'une substance cachée , et ont enfanté des
systémes absurdes ; mais tous s'accordent à reconnaître cet effet puissant , dont-ils ne peuvent deviner
la cause.

On a beaucoup parlé il y a quelques années du fluide magnétique.
La découverte intéressante qu'on
a prétendu avoir faite de la manière
de le diriger , a produit à Paris le
plus vif enthousiasme. Tout le

monde a voulu se faire magnétiser. Plusieurs dupes ont donné leur argent pour apprendre ce secret merveilleux, et ce secret a continué de l'être pour eux, comme pour tout le monde. Bien des jolies femmes s'étaient fait du magnétisme une douce habitude, et le temple de l'*Esculape* moderne était devenu une école de libertinage. Enfin, cette découverte surnaturelle, a fini par être reconnue pour la chose la plus simple et la plus naturelle du monde. Heureusement pour les maris jaloux, le magnétisme devint à la mode, et comme les modes n'ont j'amais été de longue durée à Paris, on cessa de parler du magnétisme et le magnétisme tomba dans l'oubli. Il n'est cependant rien de plus vrai que son existence, et celle de la sympáthie. La vertu de l'aimant opère chaque jour sous nos yeux, sans que nous puissions deviner comment. Nous ne pouvons pas mieux expliquer les causes de la sympathie, mais d'après la grande analogie qui se trouve entre ces deux phénomènes, il y a beaucoup à présumer que l'un et l'autre viennent de la même source. Qant à la manière de les diriger et de les employer à sa volonté, c'est une chose sur laquelle les plus habiles physiciens avoueront, s'ils sont de bonne foi, une parfaite ignorance.

En général, il faut beaucoup se méfier en physique de ces connaissances auxquelles on donne le nom de *secrets*. L'électricité a été découverte et bientôt ses expériences ont été répandues dans tous les pays : mais la pierre philosophale, mais l'élixir de longue vie , mais la poudre de sympathie, et tant d'autres merveilles dont on a si souvent bercé les esprits crédules , sont des secrets et le seront peut-être long-tems.

Ce n'est pas qu'il n'y ait dans tout cela un fonds de vérité : mais où puiser les lumières qui peuvent nous la faire appercevoir ? La physique se traîne si lentement , et elle est si négligée de nos jours , qu'il est bien à craindre qu'elle ne reste long-tems plongée dans les ténèbres dont elle est enveloppée. Il faut convenir qu'à cet égard et a bien d'autres , la génération présente est infiniment au-dessous des anciens tems , et telle est notre ignorance , que nous sommes réduits a nier avec une stupide incrédulité les choses extraordinaires, que tous les historiens s'accordent à nous dire sur les sciences des anciens Egiptiens, au lieu de faire de généreux efforts pour marcher sur leurs traces. A chaque pas que nous fesons en physique, nous sommes tout étonnés de voir qu'ils nous avaient devancés; et plus nous approcherons, plus nous nous appercevrons qu'ils sont encore loin devant nous.

Quant à la vertu magnétique, elle existe, elle vivifie tout, elle est répandue dans tout l'univers : mais est-ce un fluide qu'on puisse diriger à son gré, et dont on se soit déjà servi pour guérir les maladies ? je n'en crois rien et je ne le croirai pas, tant que le magnétisme sera un secret. Il y a cependant un grand nombre de personnes, qui ont éprouvé les effets du baton magique de *Mesmer*, tant l'imagination a d'empire sur nos sens : pourquoi s'en étonner ? Ceux qui avaient foi aux sorciers ne croyaient-ils pas aussi voir paraître des morts et des diables ? n'allait-on pas voir encore il y a quelques années les miracles des convulsionaires ? tous les peuples aiment naturellement les choses extraordinaires, et plus certaines idées sont absurdes, plus elles sont adoptées par la multitude. C'est par une suite de ce goût décidé pour tout ce qui paraît surnaturel, qu'on a cru de tout tems aux magiciens, aux sorciers, aux revenans, et aux religions les plus absurdes que l'imagination ait jamais pu inventer. Le peuple est le même partout, toujours crédule et toujours courant après le merveilleux, toujours dupe des charlatans

et toujours aimant à être trompé.
N'avons nous pas vu la plus douce,
la plus polie de toutes les nations,
se porter aux plus grandes atroci-
tés par le goût seul de la nouveauté?
S'il est si facile de corrompre le
cœur d'un bon peuple, combien à
plus forte raison doit-il être facile
d'abuser de sa crédulité en fait
d'opinions! Mais on rougirait presque d'être homme, en songeant a
ce fanatisme barbare qui a fait pé-
rir par les flâmes tant d'innocentes
victimes accusées de sortilège. Ceci
ne peut être révoqué en doute,
et les fameux procès qui ont fait
mourir le malheureux Curé *Urbin
Grandier* et la Maréchale d'*Ancre*,
ont été jugés presque de nos jours.
Je ne m'arrêterai pas à toutes les
fables qu'on a débitées sur *la poudre
de sympathie* qu'on fait avec du

vitriol séché au soleil , c'est une pure charlatanerie , quoi qu'en dise le chevalier *Digby* , dans le traité qu'il en a fait. Plusieurs auteurs , entr'autres *Erasme* , ont écrit sur les sympathies des animaux ; mais presque tout ce qu'ils disent à ce sujet est fabuleux. Comme par exemple , l'antipathie par laquelle les plumes d'aigle consument celles des autres oiseaux ; et par laquelle aussi des cordes de luth faites avec des boyaux de loup et de brebis ne peuvent jamais s'accorder etc. *Vitalis* a fait un traité pour justifier les effets de la *poudre de sympathie* , et de l'onguent de *Paracelse* dont on peut , dit-il , se servir sans superstition.

C'est une idée généralement reçue dans plusieurs pays chauds que j'ai parcourus , que le lézard a de la sympathie avec l'homme, et de l'antipathie pour la femme, comme aussi que le crapaud quand il regarde fixément la couleuvre, l'attire et l'attend en ouvrant sa gueule, dans laquelle elle va elle même chercher la mort. Le contraire arrive lorsque celle-ci apperçoit la première son ennemi. Alors c'est le crapaud qui cède au charme invincible qui le force malgré lui à s'approcher pour devenir la proye de la couleuvre.

Sans vouloir donner à tous les récits qu'on fait là-dessus, plus de croyance qu'ils n'en méritent, je trouve cependant qu'on aurait tort de mettre dans la même balance tout les effets qu'on peut attribuer à la sympathie ou à l'antipathie. Chacun de nous a vu souvent une caille ou une perdrix, immobile devant le chien qui la fixe d'un œil étincellant, il approche d'elle et la saisit quelquefois dans sa gueule, sans qu'elle aît la force de s'envoler. Pour peu que le chien détourne ses yeux, le charme cesse, elle reprend sa liberté et retrouve l'usage de ses ailes. Dira-t-on que c'est la frayeur qui avait paralisé ses forces ? mais, approchez vous-même, et votre présence qui devrait redoubler cette frayeur coupe au contraire l'arrêt du chien, et fait partir le gibier. Il n'y a même qu'une espèce de chiens dont la présence produise un tel effet.

La nature semble avoir donné à chaque animal, son ami et son ennemi particulier, et la plupart du tems, l'ascendant de cet ennemi est si puissant que sa victime n'a ni la force , ni même la volonté de se défendre. Mais de tous les animaux mal-faisans , le plus cruel, le plus destructeur , et le plus justement redouté , c'est l'homme ; tout fuit devant lui ou tombe sous ses coups. Et la différence qu'il y a entre la dent cruelle du loup et l'arme meurtrière de l'homme , c'est que le premier ne s'en sert que pour assouvir sa faim , et celui-ci trouve un délassement, un raffinement de jouissances à poursuivre d'innocens animaux , pour le seul plaisir de détruire et de répandre le sang.

Je reviens à mon sujet. C'est par cette vertu sympathique que la beauté exerce sur nous un empire irrésistible ou quelquefois ce n'est pas la beauté , mais un secret rapport , une certaine convenance que nous avons avec l'être que notre cœur a adopté. Or, la régularité des traits n'est pas toujours ce qui plait.

Il est nécessaire d'expliquer ici ce qu'on entend par beauté en général. Ce mot est interprété de bien des manières différentes. Chaque nation a sa prévention à cet égard. Si Vénus était adorée chez tous les peuples, les uns représenteraient la Déesse de la beauté avec une peau noire et luisante, un nez épâté et de grosses lèvres ; d'autres avec de longues griffes et des mammelles pendantes ; d'autres avec une grosse tête plate et de longues oreilles ; d'autres enfin, avec un goître informe, voilà donc ce que ces peuples regardent comme la suprême beauté.

Mais cherchons plus près de nous

des exemples d'un prévention aussi extraordinaire, qui varie à l'infini les idées sur la beauté. Tel aime une personne mince, petite, délicate, d'un extérieur faible et d'une santé languissante ; tel autre aime des formes vigoureuses et prononcées, de l'embonpoint et l'extérieur d'une santé robuste. Dans certains pays ne regarde-t-on pas comme une grande beauté, d'avoir des cheveux roux (*), tandis que dans d'autres cette couleur cause une certaine aversion ? Une personne blonde inspire l'amour à l'un et le dégoût à l'autre. La brune éprouve le même sort. De grands yeux languissans auxquels certaines

____

(*) Les Persans aiment les brunes et les Turcs les rousses. Voyez le voyage de la *Boullaye*, page 110.

personnes trouvent tant de beauté et d'expression, sont regardés par d'autres comme des yeux sans feu et sans esprit.

« Les idées que les différens peuples ont de la beauté sont si singulières et si opposées, selon *Buffon*, qu'il y a tout lieu de croire que les femmes ont plus gagné par l'art de se faire desirer, que par ce don même de la nature, dont les hommes jugent si différemment; ils sont bien plus d'accord sur la valeur de ce qui est en effet l'objet de leurs desirs; le prix de la chose augmente par la difficulté d'en obtenir la possession. Les femmes ont eu de la beauté dès qu'elles ont su se respecter assez, pour se refuser à tous ceux qui ont voulu les attaquer par d'autres voies que par celles du sentiment, et du sentiment une fois né, la politesse des mœurs a dû suivre.

>> Les anciens avaient des goûts de beauté différens des nôtres ; les petits fronts, les sourcils joints ou presque point séparés, étaient des agrémens dans le visage d'une femme : on fait encore aujourd'hui grand cas en Perse, des gros sourcils qui se joignent ; dans quelques pays des Indes il faut pour être belle avoir les dents noires et les cheveux blancs, et l'une des principales occupations des femmes aux isles Mariannes, est de se noircir les dents avec des herbes, et de se blanchir les cheveux à force de les laver avec certaines eaux préparées. A la Chine et au Japon c'est une beauté que d'avoir le visage large, les yeux petits et couverts, le nez camus et écrasé, les

pieds extrémement petits , le ventre fort gros , etc. Il y a des peuples parmi les Indiens de l'Amérique et de l'Asie , qui aplatissent la tête de leurs enfans , en leur serrant le front et le derrière de la tête entre des planches , afin de rendre leur visage beaucoup plus large qu'il ne le serait naturellement ; d'autres aplatissent la tête et l'alongent en la serrant par les côtés , d'autres l'aplatissent par le sommet ; d'autres enfin la rendent la plus ronde qu'ils peuvent.

» Il y des pays où on a le courage et la coquetterie ridicule de mettre ses oreilles à une torture continuelle , pour en augmenter la longueur. Dans la Chine , les femmes font tout ce qu'elles peuvent pour faire paraître leurs yeux petits , et les jeunes filles instruites par leur mère, se tirent continuellement les paupières, afin d'avoir les yeux petits et longs.

» Chaque nation a des préjugés différens sur la beauté, chaque homme a même sur cela ses idées et son goût particulier; ce goût est apparemment relatif aux premières impressions agréables qu'on a reçues de certains objets dans le tems de l'enfance, et dépend peut-être plus de l'habitude et du hazard que de la disposition de nos organes ».

La sage nature a sans doute établi cette variété infinie dans nos goûts pour le bonheur de tous ; mais au milieu de cette différence d'opinions sur la beauté, il en est une sur laqu'elle tout le monde s'accordera indubitablement ; c'est une physionomie ouverte et gracieuse, c'est cet air de bonté et de douceur, qui prête un charme invincible à des figures qui nous paraissent agréables, sans que nous puissions y retrouver les traits réguliers qui constituent la beauté. C'est ce regard sensible, auquel rien ne résiste, et qui nous fait partager avec la plus vive émotion tous les sentimens qu'il exprime.

Voilà la véritable beauté en Physiologie. Nous allons parler de la beauté d'artistes, ou de convention.

———

CHAPITRE IV.

De la beauté idéale des anciens, de la belle nature et de son imitation.

« **P**ARMI les chefs-d'œuvre d'artistes, (dit *Lavater*), le premier rang a toujours été assigné aux statues grecques des beaux siècles de l'antiquité : l'art n'a jamais rien produit de plus sublime, ni de plus parfait. C'est une vérité généralement reçue : mais dans quelle source les anciens ont ils puisé l'idée de cette beauté accomplie ? On peut répondre à cette question de deux manières différentes. Il y a grande apparence que les anciens savaient mieux que nous se remplir

d'idées sublimes, et que leurs ouvrages étaient le fruit d'un génie
poëtique supérieur à celui des modernes, ou qu'ils avaient sous les
yeux de plus beaux modèles,
une plus belle nature, qui donnait
le ton à leur imagination, et d'a-
près laquelle ils produisaient leurs
chefs-d'œuvre.

» Ainsi les uns regardent les mo-
numens de l'ancienne Grèce comme
autant de nouvelles créations, tandis que d'autres les considèrent
comme des imitations poëtiques
d'une nature parfaitement belle.

» Ici une réflexion se présente
assez naturellement : l'homme ne
saurait rien créer, son pouvoir se
réduit à imiter; c'est là son étude,
sa nature, et son art. Depuis le moment de sa naissance jusqu'à celui de sa mort, il n'agit que par

imitation. Dans les grandes choses comme dans les petites , tout ce qu'il fait, tout ce qu'il dit est copié ou imité. Il ne crée point sa langue : il la parle d'après les autres. Il ne crée point une écriture : il en adopte une toute formée. Il ne crée point d'images : toute image s'uppose un modèle. Il ne crée point sa langue : l'enfant d'un Français apprend le français ; l'enfant d'un Allemand parle allemand.

» L'élève d'un peintre imite, bien ou mal, le coloris ou le style de son maître. Il serait facile de prouver par induction et de la manière la plus évidente que chaque peintre a copié les maîtres qu'il a eus , le siècle ou il a vécu, les objets qui l'ont entouré ; qu'enfin il s'est copié lui-même. Il en est ainsi en sculpture, en littérature, en morale.

» Qu'un homme supérieur ex-
celle dans les beaux arts ou dans
les sciences ; qu'il se distingue par
des vertus éminentes — sa manière
sera toujours une imitation du modèle qu'il s'est proposé. Seulement
cette imitation sera modifiée par la
situation où il se trouve placé lui-
même.

» Qu'on se rappelle les noms de
Raphaël, de *Rubens*, de *Rem-
brand*, *Van Dyk*, *Ossian*, *Homère*, *Milton*. Qu'on examine
leurs ouvrages, et l'on verra que
ces excellens originaux ne sont au
fond que des copistes ; qu'ils ont
copié la nature et leurs maîtres ;
qu'ils se sont copiés eux-mêmes.
Ils ont observé individuellement la
nature d'après les ouvrages de leurs
prédécesseurs ; et voilà ce qui les
a mis dans la classe des génies ori-

ginaux. L'imitateur sans génie copie servilement : il se traîne sur les traces de son maître : Il n'y met ni chaleur, ni intérêt. L'homme de génie s'y prend tout autrement : il imite aussi, mais non en écolier. Ses imitations ne sont pas un assemblage de pièces rapportées : il refond ses matériaux, et par une disposition adroite il en forme un tout homogène — et cette reproduction parait si neuve, si différente du vulgaire, qu'elle passe pour originale, qu'on la regarde comme un idéal, comme une invention.

» Le peintre est créateur de ses portraits, le sculpteur l'est de ses statues, à peu près comme le chimiste est créateur des métaux.

» Les beaux ouvrages de l'art supposent donc toujours des pro-

tótypes encor plus beaux , une nature plus belle encore — et de la
part de l'artiste , un œil fait pour
appercevoir et pour saisir ses beautés. Le génie ne peut se passer du
secours des sens. Sans eux il n'est
qu'un flambeau éteint. Il a besoin
d'être affecté , d'être entraîné par
les objets extérieurs , il prend le
ton de son siècle et lui donne le
sien.

» Après cela , voudra-t-on nous
persuader que les Grecs n'ont point
imité la nature , qu'ils n'ont point
choisi leurs modèles dans le monde
réel qui les environnait , et qui
affectait immédiatement leurs sens ?
que leurs ouvrages sont autant de
créations arbitraires , le fruit d'une
heureuse imagination ? Non sans-
doute. Les anciens ont puisé dans
la source commune qui nous four-

mit l'idée de tous nos ouvrages ; je
veux dire dans la nature , dans les
ouvrages de leurs maîtres , dans
leur propre organisation , et dans
les sensations qu'elle leur fesait
éprouver. Mais à tous égards , ils
avaient des avantages et des secours
dont nous sommes privés. Le sang
était plus beau chez les Grecs que
chez nous. Nous n'avons pour règle
du beau que des statues inanimées ;
ils avaient sous leurs yeux la beauté
même personifiée. Tandis qu'un
Charles Maratte était obligé de
recopier sans cesse le visage de sa
fille dans toutes ses figures de la
vierge ; tandis que d'autres artistes
et certainement le plus grand nombre sont bornés à quelques modèles souvent assez médiocres ,
quelquefois même avilis par le libertinage , les Grecs plus heureux

trouvaient à chaque pas des formes élégantes, et n'avaient, pour
ainsi dire, que l'embarras du choix.

» Loin de créer des beautés idé-
ales sans le secours de la nature,
l'art ne peut même l'égaler, lorsqu'il la prend pour modèle ; c'est
uniquement par convention qu'un
tableau idéal nous parait lui être
supérieur. L'art a toujours été et
sera toujours au-dessous d'elle ; et
ce que nous appellons la beauté
exaltée des anciens n'était vraisem-
blablement par rapport à eux ,
qu'une faible imitation de la nature.

» On fait un cas si prodigieux
des profils Grecs tirés presque
à la règle. Mille fois on a dit, et
mille fois on répétera que cette
ligne est la marque distinctive, la
véritable pierre de touche d'un

beau profil et surtout d'un profil
de femme. D'après ces idées reçues, plusieurs artistes célèbres nous
ont tracé comme des modèles de
beauté, plusieurs têtes dont l'uniformité est vraiment fatigante.
Voici ce que j'en pense.

» 1°. La nature se plait à la variété, et la ligne droite est le comble de la monotonie.

» 2°. Cette ligne n'existe nulle
part dans la nature où rien n'est
mesuré à la règle, où rien n'est
taillé, ni façonné. La nature est
ennemie jurée et irréconciliable des
perpendiculaires, et en général
des lignes tirées au cordeau. Elles
sont exclues de tout ce qui est ani-
mé, ou seulement végétatif.

» 3°. Un profil droit, qu'il soit
Grec où non, n'est donc qu'une chi-

mère et ne se trouve pas dans la réalité. Il est contraire aux principes de toute mécanique ; il est incompatible encore avec celle du crâne humain, lequel étant voûté par le haut et dès lors arqué, ne saurait devenir ni la racine, ni la tige d'une ligne tout-à-fait droite.

» 4°. Ainsi la beauté des profils à la grecque ne doit pas être uniquement déterminée par une douce progression du front, par l'uniformité du front et du nez, par la monotonie et la continuité du contour extérieur ; au contraire elle dépend tout autant de l'obliquité et de la position de cette ligne extérieure, de son rapport avec le bas du visage, avec le haut et le derrière de la tête ».

Ce que *Lavater* dit de la trop grande régularité des profils Grecs, on peut le dire aussi de la trop grande régularité de ce que les peintres et les sculpteurs appellent des mains de modèle, et qu'ils s'efforcent de copier dans les statues et les tableaux.

Nous les avons souvent admirées sans savoir pourquoi, ces mains des statues antiques, ces mains qui ont si bien l'air de n'avoir jamais appartenu qu'à des statues. A la vérité, ces sortes de formes ont du convenir dans le principe au pinceau mal habile, ou au ciseau inexpérimenté des inventeurs des arts. Les formes si rondes et si régulières, ont du être sans doute plus à la portée du premier sculpteur, parce qu'il lui aurait été impossible malgré tout son génie de bien rendre les détails si difficiles qu'exigent les petites irrégularités que l'art ne pouvait encore saisir, et dont la nature se sert si bien pour ajouter à la beauté de l'ensemble.

Les élèves de ces génies créateurs trop pleins du mérite de leurs maîtres, ont sans doute commencé par faire des efforts pour les imiter. Et depuis eux jusqu'à nous, les mêmes modèles, si vous voulez un peu perfectionnés avec le tems, ont été regardés comme le nec plus ultrà de la beauté. Et quel est l'artiste assez philosophe pour vouloir convenir que la beauté existait avant les artistes ; qu'elle est indépendante de l'art, et qu'elle plane au-dessus de ses vains efforts, comme un soleil brillant au-dessus du prisme fragile dont le physicien se sert pour diviser ses rayons ?

A-t-on besoin d'être peintre pour être saisi, transporté, à la vue d'une

belle personne ? a-t-on besoin d'a-
voir étudié le paysage pour rêver
délicieusement au milieu d'une
campagne riante ? Est-il nécessaire
que j'aie appris a dessiner des
fleurs, pour admirer une rose qui
s'ouvre aux premiers rayons du
jour ? L'artiste viendrait inutilement
me décrire toutes les beautés de
la nature, et me représenter ce que
je dois admirer ou regarder avec
indifférence. Ses froids commen-
taires ne feraient qu'affaiblir la
sensation délicieuse que j'éprouve,
et détruire mon illusion. Un peintre
qui s'établit juge en fait de beauté
est comme le cuisinier qui veut
changer le goût de son maître, aulieu de s'y conformer. Les arts sont
faits pour le plaisir des hommes :
s'ils n'ateignent pas ce but, la faute
en est aux artistes, et malheur à

celui qui est réduit à se plaindre de son siècle.

Nous mettons souvent les productions de l'art au-dessus de celles de la nature ; parce que nous n'avons pas sous les yeux ces dernières ; et bien des gens se sont extasiés devant les draperies de *Rigaud* et les armures de *Membrand*, tandis que ces deux maîtres avouaient eux-mêmes que leur travail ne supportait pas la comparaison du modèle. L'artiste réussira peut-être à nous donner un portrait plus beau que l'original : mais ce ne sera alors qu'un portrait substitué, la copie imparfaite d'une belle nature différente de celle qu'il avait sous les yeux, ou l'imitation d'un autre modèle, qu'il aura eu présent à l'esprit. Ainsi tout ce qui passe pour original n'est au fonds qu'une

copie modifiée par les idées habi-
tuelles de l'artiste, c'est-à-dire,
embellie par les sensations qu'il a
éprouvées précédemment, et qui
lui sont devenues si familières, qu'il
n'a pas besoin pour les reproduire,
de la présence de l'objet qui les a
fait naître.

Il est donc vrai que les artistes
anciens ont été comme les modernes, au-dessous de la nature. Ainsi
la beauté de leurs modèles est la
seule cause de la supériorité de
leurs tableaux.

Chez les Grecs, la nature était
donc plus belle qu'elle ne l'est chez
nous. Mais ces mêmes Grecs étaient
des payens superstitieux, et nous,
nous sommes des chrétiens éclairés
par la foi — *Lavater* répond à cette
objection avec un enthousiasme vraiment religieux. « Rien n'empêche,

dit - il , que le payen superstitieux, en vertu de son organisation et de ses dispositions naturelles ,
n'ait reçu du créateur dont les conseils sont impénétrables , une forme
plus belle que la nôtre. D'ailleurs
je suis persuadé que vu sa situation il n'a pas été en état de donner
à ses facultés tout le développement
dont elles étaient susceptibles , et
qu'il en aurait tiré un meilleur parti,
s'il eût été chrétien.

» Mais après tout , devons nous
tant nous récrier sur notre foi —
sur ce christianisme qui doit nous
embellir ? Distinguons entre le fard
et la beauté. C'est l'intérieur, c'est
le sentiment, c'est le bon emploi
des facultés , qui donne de la beauté
à la forme humaine et qui l'enno-
blit. Et ne faut - il pas convenir
que plusieurs payens de l'antiquité

suivaient les lumières de leur raison avec bien plus d'intégrité que nous autres chrétiens du dix-huitième siècle ne suivons les lumières de notre religion. Ah ! si les grandes vérités de la foi leur avaient été révélées, avec quel empressement ne les auraient-ils pas reçues » !

Je ne sais pas jusqu'à quel point les Grecs eussent été disposés à changer de religion : et je doute fort que le Christianisme tel qu'on nous le prêche, eût fait beaucoup de prosélites à Athènes : mais je conviens avec *Lavater* que la religion et le gouvernement influent beaucoup sur les physionomies, c'est ce que je vais développer dans le chapitre suivant.

CHAPITRE V.

Influence des religions et des gou-
vernemens sur les physionomies.

La race des Grecs était plus belle que la notre, ils valaient mieux que nous, et la génération présente est cruellement dégradée. Je le dis a regret, nous ne sommes plus que le rebut des tems passés, une génération corrompue, qui conserve à peine le vernis de la vertu. La religion n'est qu'un vain mot. Cette longue contrainte que nous avons long-tems éprouvée, pour prendre l'extérieur d'une fausse piété et d'un faux zèle pour une religion que peu de personnes croyent dans le cœur,

n'a pas peu contribué à nous défi-
gurer. La sombre hypocrisie et la
fausseté ont sillonné nos fronts et
imprimé sur nos visages ce caractère de laideur qui déforme les
traits même les plus réguliers.

La religion des Grecs ne combat-
tait point les plus doux penchans
de la nature. Au lieu d'éteindre l'é-
nergie et d'asservir les passions des
hommes, elle savait les diriger vers
le bien public, et les ennoblir par
les grandes actions dont elles étaient
la source. Joignez à cela la conscience de la vertu et de la liberté,
que les ministres de notre culte se
sont toujours efforcés de détruire
en nous, pour y substituer de vains
scrupules. Cette terreur servile nous
accompagnait souvent au moment
même ou nous fesions une bonne
action. Les faux disciples du Christ

n'ont-ils pas voulu façonner à leur manière les sentimens les plus sacrés dictés par la nature ? ou plutôt les étouffer dans leur principe ? suivant leur austère doctrine , rien n'etait bon en soi , et pour l'homme coupable d'une faiblesse , c'est-à-dire , qui n'était pas *en état de grace* , sauver la vie a son semblable était un crime de plus.

C'est par de semblables maximes que ces hommes faux et pervers , sont parvenus à déformer la plus douce et la plus sainte des religions. De là , cet esprit de haine et d'intollérance que toutes les nations ont reproché avec tant de raison à la plupart des Chrétiens. Est-il étonnant , en effet , que des hommes toujours tourmentés par des terreurs chimériques , éprouvant un combat continuel entre la voix de la nature et celle d'une conscience égarée, ayent pris par dégrés cet air sombre image de la crainte et du désespoir ?

Le tems en affaiblissant ces pré-jugés, a mis à leur place un fléau plus terrible encore, l'irréligion. A la honte de la philosophie, nos écrivains modernes ont abusé de leur éloquence pour sapper les fondemens du Christianisme. Au lieu d'éclairer cette religion, qui suffit d'être connue pour être aimée, ils ont mis à sa place l'athéïsme au front d'airain. Plus intollérans encore que ces chrétiens dont nous venons de parler, ils leur ont dé-claré une guerre terrible et auraient entièrement renversé leur culte, si la vérité éternelle d'une morale pure et sainte n'était au-dessus du pouvoir des hommes.

Cette haine implacable entre les disciples du Christ et ses ennemis a du nécessairement influer beaucoup plus qu'on ne pense sur les caractères et par conséquent sur les physionomies.

Si l'on doute encore de l'effet extérieur que doit produire telle ou telle croyance en fait de religion, qu'on jette un moment les yeux sur cette nation errante qui porte dans tous les climats sa religion et son commerce. Philosophes et chrétiens s'accorderont à voir dans la physionomie des juifs, un caractère particulier qui les fait reconnaître d'un bout du monde à l'autre. Qu'un juif adopte les mœurs et les usages des pays ou il reçoit le jour, qu'il y forme son éducation et s'y fixe quelquefois toute sa vie, sa religion lui reste et ses

traits en conservent l'influence jusqu'à ses derniers momens.

En Angleterre, vous distinguerez
un Quaker entre mille personnes,
comme aussi à Paris vous n'aurez
pas grand peine à reconnaître depuis
quelques années, un moine défroqué
ou une religieuse décloitrée, tant le
culte extérieur se retrace sur les
physionomies.

L'influence de la religion juive a
produit sur cette nation un caractère si remarquable qu'il est à propos d'entrer dans quelques détails
sur ses mœurs et sa religion.

Parmi le nombre infini de cultes
que les différens peuples ont adopté,
il n'y en avait peut-être aucun qui ne
fît espérer des peines ou des récompenses audelà des bornes de la
vie, et qui ne promit une nouvelle existence. L'immortalité des

ames ou leur transmigration a toujours été une opinion presque générale. La religion des juifs est la seule qui ne parle jamais que des peines ou des récompenses temporelles. Preuve d'abord très évidente de la brutale sensualité de ce peuple qui ne pouvait s'élever au-dessus des plaisirs grossiers et corporels.

Si l'on peut conjecturer le caractère d'une nation par les prières qu'elle adresse à son Dieu, on s'appercevra aisément que les juifs sont un peuple charnel et sanguinaire. Leurs pseaumes respirent la vengeance la plus implacable, et ils ne forment des vœux que pour les biens terrestres.

Voici quelques unes des prières qu'ils adressent au Seigneur.

Tu arroseras les montagnes, la terre sera rassasiée de fruits.

Tu produis le foin pour les bêtes et l'herbe pour l'homme. Tu fais sortir le pain de la terre et le vin qui réjouit le cœur ; tu donnes l'huile qui répand la joie sur le visage.

JUDA est une marmite remplie de viandes ; la montagne du Seigneur est une montagne coagulée, une montagne grasse.

Mais il faut avouer que les juifs maudissaient leurs ennemis d'un style non moins figuré ; et ces malédictions si opposées au véritable esprit du Christianisme sont répétées chaque jour par les chrétiens, sans doute, parce qu'ils n'entendent pas ce qu'ils disent.

Demande-moi et je te donnerai en héritage toutes les nations ; tu les régiras avec une verge de fer.

Que mes ennemis impies rougis-

sent, qu'ils soient conduits dans le sépulcre.

Seigneur ! prenez vos armes et votre bouclier, tirez votre épée, fermez tous les passages ; que mes ennemis soient couverts de confusion, qu'ils soient comme la poussière emportée par le vent, qu'ils tombent dans le piège.

Que la mort les surprenne, qu'ils descendent tous vivans dans la fosse.

Le Seigneur juste coupera leurs têtes : que tous les ennemis de Sion soient comme l'herbe sèche des toíts.

Heureux celui qui éventrera tes petits enfans encore à la mammelle, et qui les écrasera contre la pierre.

On voit, dit *Voltaire*, que si Dieu avait exaucé toutes les prières

de son peuple , il ne serait resté
que des juifs sur la terre , car ils
détestaient toutes les nations ; ils
en étaient détestés ; et en deman-
dant sans cesse que Dieu extermi-
nât tous ceux qu'ils haïssaient , ils
semblaient demander la ruine de
la nature entière.

On reproche aux Hébreux de
s'être toujours livrés aux plus aveu-
gles superstitions et d'avoir toujours
cherché par un vil intérêt à les propager. Dès qu'ils furent répandus
dans le monde ils firent métier de
la magie. Le sabbath des sorciers
en est une preuve parlante ; et le
bouc avec lequel les sorciers étaient
supposés s'accoupler , vient de cet
ancien commerce que les juifs eurent avec les boucs dans le désert;
ce qui leur est reproché dans le
chap. 17 , du Lévitique.

Il n'y a eu guère parmi nous de procès criminel de sorcier, sans qu'on y ait impliqué quelque juif.

Les Philtres pour se faire aimer étaient un objet de commerce pour eux. Ils les vendaient très cher aux dames Romaines. On voit donc que ceux de cette nation qui ne pouvaient devenir de riches commerçans, fesaient des prophéties ou des philtres.

Toutes ces extravagances ou ridicules ou affreuses se perpétuèrent chez nous ; et il n'y a pas un siècle qu'elles sont décréditées. On a vu en france des milliers de misérables assez insensés pour se croire sorciers, et des juges assez imbéciles et assez barbares pour les condamner aux flâmes. Il y a eu en Europe une jurisprudence établie sur la magie, comme on a des lois sur

le larcin et sur le meurtre ; jurisprudence fondée sur les jurisdic-
tions des conciles. Ce qu'il y avait
de pis , c'est que les peuples
voyant que la magistrature et l'église
croyaient à la magie , n'en étaient
que plus invinciblement persuadés
de son existence ; par conséquent
plus on poursuivait les sorciers ,
plus il s'en formait.

La France est peut-être de tous
les pays celui qui a le plus uni à
cet égard la cruauté et le ridicule.
Il n'y a point eu autrefois de tri-
bunal en France qui n'ait fait brû-
ler beaucoup de magiciens. Il y
avait dans l'ancienne Rome des fous
qui pensaient être sorciers ; mais
on ne trouva point de barbares qui
les brûlassent.

L'imagination des juifs semble si
peu faite pour le style oriental ,

qu'on est étonné de voir à quel point ils ont porté autrefois la coutume de parler en allégories. Rien n'était plus naturel alors que cet usage, car les hommes n'ayant écrit long-tems leurs pensées qu'en hyérogliphes, ils devaient prendre l'habitude de parler comme ils écrivaient.

Ainsi les Scythes, si on en croit *Hérodote*, envoyèrent à *Darius* un oiseau, une souris, une grenouille et cinq flèches. Cela voulait dire que si *Darius* ne s'enfuyait aussi vîte qu'un oiseau, ou s'il ne se cachait comme une souris et comme une grenouille, il périrait par leurs flèches. Le conte peut n'être pas vrai : mais il est toujours un témoignage des emblêmes en usage dans ces tems reculés.

Les Rois s'écrivaient en énigmes ;

on en a des exemples dans *Hiram*, dans *Salomon*, dans la Reine de *Saba*. *Tarquin le superbe*, consulté dans son jardin par son fils sur la manière dont il faut se conduire avec les Gabiens, ne répond qu'en abbattant les pavots qui s'élevaient au-dessus des autres fleurs : il fesait assez entendre qu'il fallait exterminer les grands et épargner le peuple.

Cette manière obscure et ambigue de parler a été adoptée par les prophètes juifs, comme par ceux des autres nations. *Isaïe* marchait tout nud dans Jérusalem, pour marquer que les Egyptiens seraient entièrement dépouillés par le Roi de Babylone.

J'ai déja parlé de la manière dont les oracles et les sorciers avaient acquis du crédit sur les peuples.

Je vais rapporter ce que *Voltaire* dit de l'oracle de Delphes. « On choisit d'abord de jeunes filles innocentes, comme plus propres que les autres à être inspirées, c'est-à-dire, à proférer de bonne-foi le galimathias que les prêtres lui dictaient. La jeune Pythie montait sur un trépied posé dans l'ouverture d'un trou d'où il sortait une exhalaison prophétique. L'esprit divin entrait sous la robe de la Pythie par un endroit fort humain ; mais depuis qu'une jolie Pythie fut enlevée par un dévot, on prit des vieilles pour faire le métier : et je crois que c'est la raison pour laquelle l'oracle de Delphes commença à perdre beaucoup de son crédit.

» Les divinations, les augures, étaient des espèces d'oracles et sont, je crois, d'une plus haute antiquité ;

car il fallait bien des cérémonies ; bien du tems pour achalander un oracle divin qui ne pouvait se passer de temple et de prêtres ; et rien n'était plus aisé que de dire la bonne aventure dans les carrefours. Cet art se subdivisa en mille façons ; on prédit par le vol des oiseaux par le foie des moutons, par les plis formés dans la paume de la main, par des cercles tracés sur la terre , par l'eau , par le feu, par de petits cailloux, par des baguettes , par tout ce qu'on imagina , et souvent même par un pur enthousiasme qui tenait lieu de toutes les règles. Mais qui fut celui qui inventa cet art ? ce fut le premier frippon qui rencontra un imbécile.

» La plupart des prédictions étaient comme celles de l'almanach de Liége.

Un grand moura , il y aura des

naufrages. Un juge de village mou-
rait-il dans l'année : c'était pour ce
village le grand dont la mort était
prédite. Une barque de pêcheurs
était-elle submergée : voilà les grands
naufrages annoncés. L'auteur de
l'Almanach de Liége est un sorcier,
soit que ses prédictions soient ac-
complies, soit qu'elles ne le soient
pas; car si quelque évènement les
favorise, sa magie est démontrée :
si les évènemens sont contraires,
on applique sa prédiction à toute
autre chose, et l'allégorie le tire
d'affaires.

» L'almanach de Liége a dit qu'il
viendrait un peuple du nord qui
détruirait tout. Ce peuple ne vient
point : mais un vent du nord fait
geler quelques vignes. C'est ce qui
a été prédit par *Mathieu Laens-
berg*. Quelqu'un ose-t-il douter de

son savoir , aussi-tôt les colporteurs le dénoncent comme un mauvais citoyen , et les astrologues le traitent même de petit esprit et de méchant raisonneur ».

Revenons aux mœurs des Hébreux. Quoiqu'il y ait une exagération révoltante dans le nombre des massacres que les écrivains leur attribuent, il n'est pas douteux cependant que ce peuple ne fut sanguinaire et terrible dans ses vengeances. A commencer par *Moïse* , on voit qu'il poussa la sévérité jusqu'à la barbarie. Son frère donne à son armée l'exemple d'adorer le veau d'or et pour punir cette prévarication , il commande aux Lévites de massacrer sans distinction vingt-trois mille de leurs frères.

Josué montra la même infléxibilité que *Moïse* , lorsqu'àprès la

prise de Jéricho il fit immoler tous
les habitans , vieillards , femmes ,
filles , enfans à la mammelle et tout ,
jusqu'aux animaux. Le livre de
Josué rapporte que ce chef s'étant
rendu maître du pays de Canaan ,
fit pendre ses Rois au nombre de
trente - un , c'est - à - dire trente - un
chefs de bourgades , qui avaient osé
défendre leurs foyers , leurs femmes
et leurs enfans.

Ainsi l'histoire des juifs est un
mélange continuel de cruauté et de
superstitions. On voit ce peuple
errant de climats en climats , dé-
testant toutes les nations , et détesté
de toutes , presque toujours subjugué ou esclave ; et si quelquefois le
sort des armes lui était favorable ,
il abusait de ses victoires , pour répandre des flots de sang , et toujours au nom du Dieu des armées.

Quant à la religion des payens, l'opinion des stoïciens, et des philosophes qui ont élevé la nature humaine au-dessus d'elle même, était l'existence d'un être suprême dont ils se regardaient comme une émanation, et il faut avouer que rien n'était plus capable d'inspirer de grandes vertus. Se croire une partie de la Divinité c'est s'imposer la loi de ne rien faire qui ne soit digne de Dieu-même. L'immortalité de l'ame était le dogme le plus universellement répandu. Quant à leur morale elle n'était qu'une extension, un développement de la loi naturelle, et la pureté de ses principes fait pardonner tous les rites ridicules qui étaient adoptés par le peuple.

On trouve encore chez les francs-maçons, quelques restes des anciennes cérémonies des payens, comme celle de la *régénération*. Il fallait que l'initié parut ressusciter ; c'était le symbole du genre de vie qu'il allait embrasser. On lui présentait une couronne, il la foulait aux pieds (*) l'Hiérophante levait sur lui le couteau sacré. L'initié qu'on feignait de frapper feignait aussi de tomber

---

(*) Certaines personnes ont cru trouver dans les cérémonies des francs-maçons, l'origine de la révolution française. Ils devraient par la même raison prétendre qu'elle a eu son origine dans les mystères d'*Isis* et d'*Eleusine*. Voilà une révolution préparée de longue main. Mais pourquoi vouloir chercher une combinaison à des évènemens qui n'en sont point susceptibles? En révolution, une circonstance en amène une autre à laquelle on ne s'attendait pas. Celui, dit *Voltaire*, qui aurait prédit à *Auguste* qu'un jour le capitole serait occupé par un prêtre de la religion juive, aurait bien étonné *Auguste*. *Romulus* n'avait pas fondé Rome pour des évêques. *Alexandre* n'imaginait pas qu'Alexandrie appartiendrait aux Turcs et *Constantin* n'avait pas bâti Constantinople pour *Mahomet second*.

mort, après quoi il paraissait ressusciter. « Je ne doute pas, dit *Voltaire*, que dans tous les mystères
du paganisme dont le fond était si
sage et si utile, il n'entrât beaucoup de superstitions condamnables.
Les superstitions conduisent à la dé-
bauche, qui amène le mépris. Il ne
resta enfin de tous ces anciens mystères, que des troupes de gueux
que nous avons vu, sous le nom
d'égyptiens et de bohêmes, courir
l'Europe avec des castagnettes, dan-
ser la danse des prêtres d'Isis, vendre
du baume, guérir la galle et en être
couverts, dire la bonne aventure et
voler des poules ». Du reste les principes de morale sont les mêmes dans
tous les cultes. Toutes les dis-
putes de religion sont venues de la
mauvaise foi ou faute de s'entendre.
Le genre humain a toujours été

divisé par des rites et de vaines cérémonies, c'est-à-dire, par ce qu'il y a de moins essentiel dans une religion, tandis que les mêmes principes de morale et de vertu semblaient devoir les réunir.

Il faut cependant rendre aux payens cette justice, qu'ils ont été plus tolérans que les juifs et même les chrétiens. Tous les cultes étaient permis chez eux, ils avaient même pour les étrangers des temples qu'ils avaient dédiées aux Dieux inconnus.

C'est cette heureuse tolérance qui contribua à adoucir les mœurs des Grecs, et il faut convenir que ce pays favorisé de la nature, a été le séjour de la beauté comme le berceau des arts et de la philosophie.

Les Romains furent tolérans à l'exemple des Grecs. Mais cette tolérance était plutôt chez eux une suite de leur politique que de la douceur de leurs mœurs. Il ne serait pas difficile de trouver une grande analogie entre le caractère de ce peuple et celui du peuple juif, comme aussi on trouve une grande ressemblance dans les traits de l'un et de l'autre. Les Juifs ressemblent en effet beaucoup aux Romains, par le menton saillant, la couleur, et surtout par la forme énergique du nez. Les juifs ne firent pas de conquêtes comme les Romains ; ils avaient cependant tout l'enthousiasme et toute la férocité qui devaient faire des conquérans : mais cette même férocité, étouffa souvent en eux les principes que leur dictait la prudence. Ils ne surent jamais se faire ni amis, ni alliés. Les Romains au contraire, réunissaient le courage et la prudence, et leur réligion ne leur prescrivait point le mépris et la haine de tous les peuples.

Les mœurs et le gouvernement d'un pays produisent aussi un grand effet sur les physionomies. Considérons un moment les trois principaux gouvernemens qui règlent, à quelques modifications près toutes les sociétés de l'univers, savoir l'état monarchique, le despotique et le républicain.

Dans les monarchies l'habitude de ramper auprès du souverain, doit énerver les courtisans, et la nécessité de se courber devant ceux-ci, doit avilir le peuple qui a besoin d'eux. C'est ainsi que dans un état monarchique les figures perdent peu-à-peu de leur caractère. Dans cette chaîne d'êtres subordonnés les uns aux autres , chacun étant obligé d'applaudir à tout ce que dit son supérieur , et d'affecter une fausse gaîté dans bien des ins- tans où le cœur est dévoré de cha- grins , ce sourire forcé doit donner à la bouche et aux yeux une con- trainte , ou plutôt une espèce de grimace , qui nuit singulièrement au developpement des traits. Ajoutez encore à cela les haines particulières qui naissent de la rivalité entre les gens en place , et observez que dans une monarchie cette chaîne de su- bordination , dont je viens de parler, se continue d'une manière non in- terrompue depuis le souverain qui est le premier chaînon , jusqu'au dernier des sujets qui en forme le dernier ; ainsi toutes les passions, tous les défauts des grands se ré- pandent infailliblement sur chaque individu de l'état, et y produisent les mêmes effets.

Venons au gouvernement despotique. — Là ce n'est plus le desir de plaire au chef suprême qui anime tout ce qui l'entoure. On sait que ce serait peine inutile. Tout est esclave excepté lui, il n'est aucune gradation , aucun rapport qu'on puisse établir entre lui et ses sujets. Les gens en place n'ont autre chose qui les distingue des particuliers , Si ce n'est quelques richesses de plus et le danger continuel où ils sont d'être sacrifiés au premier caprice de leur maître. Le moindre soupçon, la moindre défiance peut les précipiter au dernier rang ou leur faire perdre la vie. De là, un air pensif, de grands yeux ouverts, toujours aux aguêts pour découvrir le péril qui les ménace , symboles certains de la terreur qui les poursuit et se répand dans toutes les ames; de là enfin, cette taciturnité causée par la crainte de déplaire à un supérieur, ou de trahir quelque secret important : et cet effet est bien sensible, particulièrement dans les gouvernemens où l'inquisition a étendu les aîles de la mort. On sait qu'en Espagne il est des maisons ou de père en fils on va jusqu'à plusieurs générations sans qu'il se soit jamais tenu de suite dans la famille une conversation d'un quart d'heure.

Qu'elle différence de mœurs dans les républiques et surtout dans ces pays favorisés des Dieux, ou des êtres vraiment dignes de l'immortalité avaient consacré leurs veilles à rassembler de tous les pays, les loix les plus sages et avaient fait de ce code sacré, une source inépuisable

d'ordre, de justice et de prospérité!
Chez les Grecs le sang était beau
comme les ames. C'est dans ces climats fortunés que Vénus avait fixé
son séjour et qu'elle se plaisait à être
adorée. C'est là qu'elle recevait l'en-
cens des amantes qui l'égalaient en
beauté et des amans heureux qui
formaient une nation de héros.

Au sein de cette prospérité pu-
blique et individuelle on vit briller
ces traits charmans qui animèrent
le pinçeau d'*Appelle* et que le divin *Raphaël* a fait revivre dans ses
tableaux. Cet heureux tems n'est
plus. Le despotisme impitoyable a
envahi ces regions dignes d'un meilleur sort ; et depuis que son souf-
fle impur les a désolées, à peine y
retrouve-t-on quelques traces de
l'ancienne beauté. Elle s'est éva-
nouie avec les loix de *Solon*. La

religion de *Mahomet* a remplacé celle de *Vénus*, et de tristes mosquées se sont élevées sur les débris des temples d'*Apollon*.

S'il existe une différence si marquée entre l'influence d'un état despotique et celle d'un état républicain, il en est aussi une bien grande, même entre les Républiques. Jettons un moment les yeux sur les deux cités célèbres et rivales.

Rome était florissante comme *Athènes* : mais quelle distance étonnante entre les mœurs et le génie de ces deux peuples ! Des loix justes, invariables assuraient dans *Athènes* la liberté et le bonheur. La paix y fesait fleurir les arts et enfantait les chefs-d'œuvre. *Rome* au contraire était sans cesse agitée, sans cesse plongée dars le tumulte et la discorde. La reine du monde, qui

s'était établi par le fer, se soutint,
jusqu'à ses derniers momens, par ce
caractère féroce et indomptable, qui
ne se démentit jamais. Considérez les
traits d'héroïsme des Romains, leur
intrépidité, leur dévouement pour
la patrie que les auteurs anciens et
modernes ont tant célébré dans leurs
écrits; vous trouverez toujours dans
ces actions sublimes, une teinte d'a-
trocité.

Voyez *Mucius* plongeant sa main
dans un brasier ardent et la brûlant sans se plaindre — voyez les
deux *Brutus*, tous deux sourds à
la voix de la nature sacrifiant à l'a-
mour de la patrie, l'un son père,
l'autre ses enfans — voyez *Horace*
vainqueur de ses ennemis, souillant
ses lauriers du sang de sa sœur,
dont le seul crime est de déplorer
la mort d'un amant, que son frère

vient d'immoler. Ce peuple toujours inquiet et remuant ne passa jamais trois années sans révolutions ou guerres civiles.

Des traits mâles et fortement prononcés étaient le miroir où se peignaient les ames inflexibles des Romains. Des traits nobles et réguliers exprimaient à la fois la grandeur d'ame et la philosophie des peuples de la Grèce.

D'après les différences si frappantes entre les mœurs et le génie des républiques anciennes, on ne sera point surpris que les physionomies de ces climats eussent des caractères si différens, et on sent aisément que la personne la moins exercée en physiologie aurait distingué au premier coup d'œil le visage du Romain fougueux, de celui du paisible sybarite.

Celui qui a observé la marche et les évènemens de la révolution Française, a pu facilement distinguer dans ses principales époques un changement extrême qui s'opérait dans les physionomies. Mais si les circonstances du moment suffisent pour amener un changement aussi prompt, combien à plus forte raison un gouvernement stable et permanent, sous lequel on a passé toute sa vie, doit-il influer sur le caractère des personnes, et fournir une ample matière aux observations physionomiques !

Si les religions et les gouvernemens influent sur les visages ; c'est par les mouvemens des passions qu'elles mettent en jeu. Il nous reste actuellement à marquer les expressions des différentes passions. Le meilleur modèle que j'aie cru devoir suivre dans cette partie, c'est le célèbre *Lebrun*, qni avait si bien étudié les effets des passions, et qui les a si bien exprimées dans ses tableaux. C'est d'après lui que j'ai fait dessiner presque toutes les figures que j'ai employées dans la division suivante.

V. DIVISION.

Expressions physionomiques des passions.

CHAPITRE PREMIER.

Du plaisir et de la douleur.

JE ne chercherai pas à développer quelle est ce principe dans lequel résident la pensée, la réflexion, le plaisir et la douleur. Que cette substance soit matière ou esprit, qu'elle soit d'une nature différente de notre corps, ou seulement un composé de parties infiniment subtiles auxquelles vont aboutir toutes nos sensations, une pareille discussion n'est point du ressort de la *Physiologie*. J'examinerai donc quels sont les effets des sensations et non quelle est la faculté qui les reçoit.

Il me suffira de savoir qu'une action plus ou moins forte sur les nerfs est la cause du plaisir ou de la douleur, c'est-à-dire, que tout ce qui agit mollement sur les organes et les remue délicatement est une cause du plaisir; et que tout ce qui les agite avec trop de force cause la douleur. L'action des corps extérieurs sur nos organes est donc la source de toutes nos jouissances ou de tous nos maux physiques.

La nature nous a donné et nous offre encore à tout instant des plaisirs sans nombre (*) elle a pourvu

____

(*) Histoire naturelle de *Buffon*.

à nos besoins , elle nous a munis·
contre la douleur , il y a dans le
physique infiniment plus de bien
que de mal ; ce n'est donc pas la
réalité , c'est la chimère qu'il faut
craindre ; ce n'est ni la douleur ni
les maladies , ni la mort : mais l'agitation de l'ame , les passions et l'ennui qui sont à redouter. C'est en
cherchant à augmenter nos jouissances au delà de nos facultés que
nous nous rendons malheureux. Le
bonheur est en nous-mêmes et nous
l'oublions. Le malheur est au dehors et nous allons le chercher. Tout
ce que nous voulons au-delà de ce
que la nature nous a donné est peine,
et rien n'est plaisir que ce que la
nature nous offre.

Les animaux n'ont qu'un moyen
de plaisir , c'est d'exercer leur sentiment pour satisfaire leur appétit :

nous avons outre cette faculté , celle dexercer notre esprit. Cette source de jouissances serait la plus abondante et la plus pure, si nos passions en s'opposant à son cours ne venaient la troubler. Dès qu'elles ont pris le dessus , la raison est dans le silence, ou du moins elle n'élève plus qu'une voix faible et souvent importune, le dégout de la vérité suit, le charme de l'illusion augmente , l'erreur nous entraîne et nous conduit au malheur ; car quel malheur plus grand que de ne plus rien voir tel qu'il est , de ne plus rien juger que relativement à sa passion , de n'agir que par son ordre , de paraître en conséquence injuste ou ridicule aux autres , et d'être forcé de se mépriser soi-même , lorsqu'on vient à s'examiner !

Cette opposition qui se trouve en nous entre les gouts simples dictés par la nature et les desirs extravagans que l'imagination nous inspire, est la source de nos chagrins. Les goûts naturels dominent seuls dans un enfant : c'est pourquoi cet âge est le plus heureux de la vie. La contrainte, les remontrances et même les chatimens ne sont pour un enfant que des douleurs passagères ; le fond de son existence n'en est point affecté. Il reprend, dès qu'il est en liberté, toute l'action et toute la gaieté que de nouvelles sensations lui font éprouver.

Dans la jeunesse, lorsque le principe spirituel ou imaginaire commence à agir sur nous, nous éprouvons un nouveau sens matériel, qui prend un empire absolu, et commande si impérieusement à toutes nos facultés,

que l'ame elle-même semble se prêter avec plaisir aux passions impé-
tueuses qu'il produit : le principe
matériel domine donc encore , et
peut-être avec plus d'avantage que
jamais ; car non-seulement il efface
et soumet la raison , mais il la per-
vertit et s'en sert comme d'un moyen
de plus ; on ne pense et on n'agit
que pour approuver et satisfaire sa
passion. Tant que cette yvresse dure,
on est heureux , les contradictions
et les peines extérieures semblent
resserrer encore l'unité de l'intérieur et fortifier nos passions. Elles
en remplissent les intervalles languissans , elles réveillent l'orgueuil
et achèvent de tourner toutes nos
vues vers le même objet.

Mais ce bonheur va passer comme
un songe , le charme disparait , le
dégout suit, un vuide affreux succède

à la plénitude des sentimens dont on était occupé. L'ame au sortir de ce sommeil léthargique, a peine à se reconnaître, elle a perdu par l'esclavage l'habitude de commander, elle n'en a plus la force, elle regrette même la servitude et cherche un nouveau maître, un nouvel objet de passions qui disparaît bientôt à son tour, pour être suivi d'un autre qui dure encore moins : ainsi les excès et les dégouts se multiplient, les plaisirs fuient, les organes s'usent, le sens matériel, loin de pouvoir commander, n'a plus la force d'obéir. Que reste-t-il à l'homme après une telle jeunesse ? un corps énervé, une ame amollie, et l'impuissance de se servir de tous deux.

Aussi a-t-on remarqué que c'est dans le moyen âge que les hommes sont le plus sujets à ces langueurs de l'ame, à cet état d'indolence et de dégout qui fait qu'on ne peut se déterminer à rien et qu'on n'a pas même la force de chercher le bonheur, tant les moyens de se le procurer inspirent d'indifférence. Le plus malheureux de tous les états est donc celui où les deux principes qui nous font agir sont dans un mouvement égal. Si cet équilibre devient parfait, nous éprouvons l'ennui le plus profond, et le seul desir qui nous reste alors est de cesser d'être, et de tourner contre nous des armes de fureur, pour nous délivrer du fardeau de l'existence.

CHAPITRE II.

Physionomie des passions.

COMME toutes les passions sont des mouvemens de l'ame, relatifs aux impressions des sens, elles peuvent être exprimées par les mouvemens du corps, et surtout par ceux du visage. On peut juger de ce qui se passe à l'intérieur par l'action extérieure, et connaître à l'inspection des changemens du visage, la situation actuelle de l'ame! Connaissant une fois le rapport qu'il y a entre les passions et leur expression, il sera aisé de connaître le caractère des personnes, car il n'est pas douteux que l'habitude de telle ou telle passion ne finisse par laisser une

trace permanente dans la physionomie, et cette trace sera d'autant
plus profonde que la passion sera
plus vive.

Il est des affections de l'ame qui
n'excitent pas un changement très
sensible dans les mouvemens du
sang et des esprits, et qu'on appelle communément des passions
tempérées, telles sont la tristesse,
l'espérance, l'amitié, la rêverie, la
la piété etc. On peut mettre au nombre de ces affections de l'ame, celle
que produit l'absence de l'objet
aimé, du moins au moment ou aucune idée ne vient réveiller en nous
le souvenir de notre douleur. L'a-
mour simple pourrait aussi être
regardé comme une passion douce ;
cependant comme il est la source
d'une infinité de mouvemens qui
agitent notre cœur, soit pour

l'ennivrer de plaisir ou le déchirer, il est le plus souvent une passion vive.

***

De l'admiration.

Le premier effet que produit sur nous la vue d'un objet, est l'admiration ou la surprise. Elle a sur nous tant de pouvoir, qu'elle pousse quelquefois les esprits vers le lieu ou se fait l'impression de l'objet, de sorte qu'ils cessent de passer dans les muscles, ce qui fait que le corps devient immobile comme une statue.

La surprise portée à l'excès s'apelle étonnement. Cette passion n'a lieu qu'au moment même ou nous sommes frappés de la vue d'un objet. Bientôt succède la réflexion qui nous le fait aimer ou haïr, suivant qu'il nous paraît utile ou nuisible. comme l'admiration n'a d'autre but que la connaissance de l'objet, sans aucun rapport avec notre bien ou notre mal, qui appartiennent l'un et l'autre à notre réflexion, cette affection de l'ame ne produit aucun changement sensible dans le cœur ni dans le sang, desquels dépendent tous nos maux et toutes nos jouissances. Par conséquent elle produit peu de changement dans le visage. On l'exprime par l'élévation du sourcil (voyez planche *B*, fig. 4,) l'œil s'ouvre un peu plus qu'à l'ordinaire. La prunelle est également placée entre les deux paupières, sans mouvement, et fixée sur l'objet qui cause l'admiration. La bouche sera entr'ouverte : mais elle paraîtra sans aucune altération, ainsi que les autres parties du visage. Cette passion ne produit qu'une suspension de mouvemens

pour donner le tems à l'ame de dé-
libérer sur l'objet de son attention.

Le desir.

Le desir est une agitation de
l'ame causée par les esprits qui la
disposent à vouloir les choses qu'elle
se représente comme convenables.
Il s'exprime par des sourcils pressés et avancés sur les yeux qui
sont plus ouverts qu'à l'ordinaire.
(Voyez planche *B*, figure 5.) La
prunelle se trouve située au milieu
de l'œil et pleine de feu, les narines plus serrées du côté des yeux.
La bouche ouverte et les coins
retirés en arrière. La langue paraît
quelquefois sur le bord des lévres,
et la couleur du visage devient
plus animée.

Amour simple.

Amour ! desir inné ! ame de
la nature ! principe inépuisable
d'existence ! puissance souveraine
qui peut tout, et contre laquelle
rien ne peut, par qui tout agit,
tout respire et tout se renouvelle !
divine flâme ! précieux sentiment
qui peut seul amollir les cœurs
féroces et glacés, en les pénétrant
d'une douce chaleur ! cause première de tout bien, de toute société, qui réunis sans contrainte
et par tes seuls attraits la nature
sauvage et dispersée ! source unique et féconde de tout plaisir, de
toute volupté ! amour, pourquoi
fais-tu l'état heureux de tous les
êtres et le malheu. de l'homme ! (*)

______

(*) Voyez l'Histoire naturelle de *Buffon.*

C'est qu'il n'y a que le physique de cette passion qui soit bon , c'est que malgré tout ce que peuvent dire les gens épris , le moral n'en vaut rien. Qu'est-ce en effet que le moral de l'amour ? La vanité. Vanité dans le plaisir de la conquête , erreur qui vient de ce qu'on en fait trop de cas. Vanité dans le desir de la conserver exclusivement. Etat malheureux qu'accompagne toujours la jalousie , petite passion si basse qu'on voudrait la cacher. Vanité dans la manière d'en jouir , qui fait qu'on ne multiplie que ses gestes et ses efforts sans multiplier ses plaisirs. Vanité dans la façon même de la perdre ; on veut rompre le premier ; car si l'on est quitté, quelle humiliation ! et cette humiliation se tourne en désespoir, lorsqu'on vient à reconnaître qu'on a été long-tems dupe et trompé.

C'est en voulant inventer des plaisirs que nous avons gâté la nature. L'homme en voulant se forcer sur le sentiment ne fait qu'abuser de son être, et creuser dans son cœur un vuide que rien ensuite n'est capable de remplir (*).

L'amour simple ou modéré, (voyez planche *B*, figure 3,) s'exprime par un front uni, les sourcils un peu élevés du côté où se trouve la prunelle, la tête inclinée vers l'objet qui cause de l'amour; les yeux médiocrement ouverts, le blanc de l'œil vif et éclatant, la prunelle élevée doucement et

____

(*) Voyez la première partie où j'ai parlé de l'amour considéré comme penchant naturel et comme passion page 113.

tournée du côté où est l'objet. Le nez ne reçoit aucun changement, de même que les autres parties du visage, qui étant seulement remplies d'esprits animaux qui l'échauffent et l'animent, ont une couleur plus vive et plus vermeille, particulièrement sur les joues et sur les lèvres. La bouche est un peu entr'ouverte et les coins un peu humides. Cette humidité est sans doute causée par les vapeurs qui s'élèvent du cœur.

De la joie.

La joie se manifeste par un front serein, le sourcil sans mouvement élevé par le milieu, l'œil médiocrement ouvert et riant, la prunelle vive et éclatante, les narines un peu ouvertes , les coins de la bouche un peu élevés , le teint vif, les joues et les lèvres vermeilles. (Voyez planche *B* , figure 1).

Du rire.

Si à la joie succède le rire , (voyez pl. *B* , fig. 2) ce mouvement s'exprime par les sourcils élevés vers le milieu de l'œil et abaissés du côté du nez , les yeux presque fermés. La bouche s'entr'ouvre et laisse voir les dents , les coins se retirent et s'élevent, ce qui fait faire un pli aux joues qui paraissent s'enfler , et surmonter les yeux. Le visage rougit , les narines s'ouvrent. Les yeux se mouillent quelquefois ; mais ces larmes sont bien différentes de celles de la douleur , et ne changent rien au mouvement du visage.

Le ris est un son entrecoupé subitement et à plusieurs reprises par une sorte de trémoussement marqué à l'extérieur par le mouvement du ventre qui s'élève et s'abaisse précipitament. Quelquefois pour faciliter ce mouvement on penche la tête et la poitrine en avant, la poitrine se resserre et reste immobile, les coins de la bouche s'éloignent du côté des joues qui se trouvent resserrées et gonflées, l'air à chaque fois que le ventre s'abaisse sort de la bouche avec bruit, et l'on entend un éclat de la voix qui se répète plusieurs fois de suite, quelquefois sur le même ton, d'autres fois sur des tons différens, qui vont en diminuant à chaque répétition.

Dans le ris immodéré et dans presque toutes les passions violentes, les lèvres sont fort ouvertes ; mais dans des mouvemens de l'ame plus doux et plus tranquilles, les coins de la bouche s'éloignent sans qu'elle s'ouvre, les joues se gonflent, et dans quelques personnes il se forme sur chaque joue, à une petite distance des coins de la bouche, un léger enfoncement que l'on appelle la fossette, c'est un agrément qui se joint aux grâces dont le souris est ordinairement accompagné. Le souris est une marque de bienveillance, d'applaudissement et de satisfaction intérieure. C'est aussi une façon d'exprimer le mépris ; mais dans ce souris malin, on serre d'avantage les lèvres l'une contre l'autre, par un mouvement de la lèvre supérieure.

L'espérance.

Lorsque nous sommes portés à desirer un bien et qu'il y a apparence de l'obtenir , nous sommes animés par l'espérance. Cette passion est composée de différens mouvemens , car elle tient à la fois de la croyance qu'on obtiendra ce qu'on desire , et de la crainte de ne point réussir. C'est pourquoi elle fait que toutes les parties restent suspendues entre l'assurance et la crainte. Le sourcil exprime par conséquent l'une et l'autre. C'est-à-dire , qu'une moitié s'abaisse sur l'œil du côté du nez , tandis que l'autre moitié se relève. (Voyez planche *C*, figure 1). Ainsi toutes les parties du corps et du visage sont partagées et entremêlées du mouvement de plusieurs passions différentes.

La crainte.

S'il n'y a point d'apparence qu'on puisse obtenir ce qu'on desire, alors la crainte prend la place de l'espérance, son mouvement s'exprime par le sourcil (voyez pl. *C*, figure 2). La prunelle étincellante est dans un mouvement inquiet ; située dans le milieu de l'œil ; la bouche ouverte, se retirant en arrière et plus ouverte par les côtés que par le milieu, ayant la lèvre de dessous plus retirée que celle de dessus. La rougeur est plus vive que dans l'amour et le desir ; mais elle n'est pas si belle, car elle tient de la couleur livide, les lèvres sont de même. Elles sont aussi plus sèches, surtout quand la crainte tient de la jalousie.

L'abattement.

L'abattement est un excès de tristesse (voyez pl. *C*, figure 3). Lorsque l'ame fatiguée des longs efforts qu'elle a fait pour résister aux mouvemens de tristesse ou de douleur, reconnaît qu'elle n'est pas assez forte pour les vaincre, elle succombe et se livre sans résistance. Cet abandon s'exprime par un relâchement dans tous les traits du visage, les yeux éteints et presque fermés, la bouche un peu éntr'ouverte ; la tête penchée d'une manière plus marquée que dans l'expression de la tristesse.

L'estime.

L'estime ne peut se représenter que par l'attention, et par le mouvement des parties du visage qui semblent être attachées sur l'objet qui cause cette attention. Les sourcils paraîtront avancés sur les yeux et pressés du côté du nez ; l'autre partie du côté des tempes étant un peu élevée et l'œil fort ouvert, la prunelle aussi élevée. (Voyez pl. *C*, figure 5).

Les veines et les muscles du front et autour des yeux , paraîtront un peu enflés , les narines tirant en bas ; les joues seront médiocrement enfoncées , la bouche un peu entr'ouverte , les coins tirant un peu en arrière et abaissés.

La vénération.

L'estime portée au plus haut dégré est ce qu'on appelle la vénération. (Voyez pl. *C*, fig. 4).

Elle s'exprime par des sourcils abaissés comme dans l'estime. Le visage aussi est incliné : mais les prunelles paraissent plus élevées sous le sourcil. La bouche est entr'ouverte et les coins retirés, mais un peu plus abaissés que dans l'estime. Cet abaissement des sourcils et de la bouche marque la soumission et le respect que l'ame a pour un objet qu'elle croit au dessus d'elle. La prunelle élevée au dessous de la paupière marque l'élévation à l'objet qu'elle considère, et qu'elle n'ose regarder par respect.

Le mépris.

Si au contraire de ce que j'ai dit ci-dessus, l'objet qui a causé d'abord notre admiration nous semble indigne de notre estime, il nous inspire le mépris. (Voyez planche *D*, fig. 1). Il s'exprime par le sourcil froncé et abaissé du côté du nez, fort élevé du côté des tempes, l'œil fort ouvert, la prunelle au milieu, les narines retirées en haut; la bouche fermée, les coins un peu abaissés et la lèvre de dessous excédant celle de dessus.

Dans le mépris et la dérision (*) la lèvre supérieure se relève d'un côté et laisse paraître les dents,

____

(*) Histoire naturelle de *Buffon*.

1
2
3
4
5

tandis que de l'autre côté elle a un petit mouvement comme pour sourire, le nez se fronce du même côté que la lèvre s'est élevée, et le coin de la bouche recule ; l'œil du même côté est presque fermé, tandis que l'autre est ouvert à l'ordinaire ; mais les deux prunelles sont abaissées, comme lorsqu'on regarde du haut en bas.

* * *

La jalousie.

Elle s'exprime par le front ridé, le sourcil abattu et froncé, l'œil étincelant et la prunelle cachée sous les sourcils, tournée du côté qui cause la passion, le regardant de travers et d'un côté contraire à la situation du visage. La prunelle doit paraître sans arrêt et pleine de feu , aussi bien que le blanc de l'œil et les paupières. Les narines pâles, ouvertes, plus marquées qu'à l'ordinaire et retirées en arrière , ce qui fait paraître des plis aux joues. La bouche pourra être fermée et faire connaître que les dents sont serrées. La lèvre de dessus excède celle de dessous , et les coins de la bouche sont retirés en arrière et fort abaissés. Les muscles des machoires paraîtront enfoncés. (Voyez pl. *D* , figure 2).

Il y a une partie du visage dont la couleur sera enflâmée et l'autre jaunâtre , les lèvres seront pâles ou livides.

La haine.

De la jalousie s'engendre la haine ,

(voyez planche *D* , figure 3 ,) et comme la haine et la jalousie ont un grand rapport entr'elles , et que leurs mouvemens extérieurs sont presque semblables , nous n'avons rien à remarquer dans chacune de ces passions, qui ne se trouve dans l'autre ; si ce n'est que la haine est toujours un mélange de mépris et d'aversion , au lieu que la jalousie est l'aversion mêlée d'une certaine honte.

La tristesse.

La tristesse est une langueur désagréable causée par les incommodités du mal qu'un objet nous fait éprouver.

Cette passion s'exprime par des mouvemens qui semblent marquer

l'inquiétude du cerveau et l'abattement du cœur, car les côtés des
sourcils sont plus élevés vers le
milieu du front que du côté des
joues. (Voyez pl. *D*, figure 4).
Celui qui est agité de cette passion
a les prunelles troubles, le blanc
de l'œil jaune, les paupières abat-
tues et un peu enflées; le tour des
yeux livide, les narines tirées en
bas, la bouche entr'ouverte et les
coins abaissés, la tête parait penchée nonchalament sur une des
épaules. Toute la couleur du visage
est plombée, et les lèvres pâles et
sans couleur.

Les pleurs.

Celui qui pleure a le sourcil
abaissé sur le milieu du front, les

yeux presque fermés , fort mouillés
et abaissés du côté des joues. Les
narines sont enflées et tout les muscles et veines du front sont apparens. La bouche sera à demi
ouverte , ayant les côtés abaiss.s ,
fesant des plis aux joues. La lèvre
de dessous paraîtra renversée et
pressera celle de dessus. Tout le
visage sera ridé et froncé , la couleur fort rouge , principalement
l'endroit des sourcils, des yeux, du
nez et des joues. (V. pl. *D*, fig. 5).

La colère.

Lorsque la colère s'empare de
l'ame, celui qui ressent cette passion a les yeux rouges et enflamés ,
la prunelle égarée et étincelante,
les sourcils tantôt abattus , tantôt

élevés (V. pl. *A*, fig. 1). Le front paraîtra ridé fortement. Des plis se formeront entre les yeux, les narines paraîtront ouvertes et élargies, les lèvres se presseront l'un contre l'autre, et la lèvre de dessous surmontera celle de dessus, laissant les coins de la bouche un peu ouverts et formant un ris cruel et dédaigneux.

***

Colère mêlée de rage.

Dans les mouvemens de colère mêlée de rage, le visage devient presque noir et se couvre d'une sueur froide. Les yeux sont égarés et dans un mouvement contraire. La prunelle se porte avec la plus grande vivacité, tantôt du côté du nez, tantôt du côté des tempes. Toutes les parties du visage sont

extrêmement marquées et enflées,
les lèvres noires, la bouche ouverte et écumante. (Voyez pl. *A*,
figure 2).

L'horreur.

L'horreur est l'excès du mépris
et de l'aversion. Elle s'exprime par
le sourcil extrêmement froncé (v.
pl. *A*, fig. 3); la prunelle, au lieu
d'être située au milieu de l'œil sera
située au bas ; la bouche sera entr'ouverte ; mais plus serrée par le
milieu que par les coins, qui doivent être comme retirés en arrière.
Par ce mouvement, il se formera
des plis aux joues, la couleur du
visage sera pâle et les lèvres et les
yeux un peu livides ; cette action
ressemble à la frayeur.

La frayeur.

Quand la frayeur est excessive , elle fait que celui qui l'a reçue a le sourcil fort élevé par le milieu et les muscles qui servent au mouvement de ces parties sont fort marqués , enflés et pressés l'un contre l'autre , s'abaissant sur le nez qui doit paraître retiré en haut et les narines de même. (Voyez planche *A* , figure 4). Les yeux doivent paraître entièrement ouverts. La paupière de dessus cachée sous le sourcil ; le blanc de l'œil doit être environné de rouge. La prunelle sera comme égarée, située plus au bas de l'œil que du côté d'en haut. Le dessous de la paupière doit paraître enflé et livide ; les muscles du nez aussi enflés, ceux des joues extrêmement marqués et formant pointe de chaque côté des narines ; la bouche fort ouverte et les coins fort apparens. Tout sera fortement prononcé, tant en la partie du front qu'autour des yeux. Les muscles et veines du col doivent-être fort tendus et apparens, les cheveux hérissés, la couleur du visage pâle et livide, comme le bout du nez, les lèvres, les oreilles et le tour des yeux.

Si les yeux paraissent extrêmement ouverts en cette passion, c'est que l'ame s'en sert pour remarquer la nature de l'objet qui cause la frayeur : le sourcil qui est abaissé d'un côté et élevé de l'autre fait voir que la partie élevée semble vouloir se joindre au cerveau pour le

garantir du mal que l'ame apperçoit;
et le côté qui est abaissé doit s'enfler, à cause des esprits qui viennent
du cerveau en abondance , comme
pour couvrir l'ame et la défendre
du mal qu'elle craint ; la bouche
fort ouverte fait voir le saisisse-
ment du cœur, par le sang qui se
retire vers lui , ce qui nous oblige
pour respirer , à faire un effort et
à ouvrir extrèmement la bouche.
Dans ces momens la voix forme
un son qui n'est point articulé. Les
muscles et les veines paraissent enflés , par le concours des esprits
que le cerveau envoye à ces parties - là.

* * *

L'extrême désespoir.

Le désespoir peut s'exprimer par

un homme qui grince des dents , écume , se mord les lèvres , et dont le front est ridé de haut en bas. Les sourcils seront abaissés sur les yeux et fort pressés du côté du nez. Il aura l'œil enflé , plein de sang , la prunelle égarée, cachée sous le sourcil , et dans le bas de l'œil elle paraîtra étincelante et sans arrêt. Les paupières seront enflées et livides. Les narines grosses et ouvertes s'éléveront tout en haut , et le bout du nez tirera en bas. Les muscles et tendons de cette partie , seront enfl's , ainsi que toutes les veines et nerfs du front , des tempes et des autres parties du visage. Le haut des joues paraîtra gros , marqué et serré à l'endroit de la machoire. La bouche qui sera ouverte se retirera fort en arrière et sera plus ouverte

par les côtés que par le milieu.
La lèvre de dessous sera grosse,
renversée et livide, ainsi que tout le
reste du visage, les cheveux droits
et hérissés. (V. pl. *A*, fig. 5).

CHAPITRE III.

Expression des passions dans les différentes parties du corps.

Les bras, les mains et tout le corps entrent aussi dans l'expression des passions. Les gestes concourent avec les mouvemens du visage pour exprimer les différens mouvemens de l'ame. Dans la joie, par exemple, les yeux, la tête, les bras et tout le corps sont agités par des mouvemens prompts et variés. Dans la langueur et la tristesse, les yeux sont abaissés, la tête est penchée sur le côté, les bras sont pendans et tout le corps est immobile : dans l'admiration, la surprise, l'étonnement, tout mouvement est suspendu et reste dans une même attitude.

Cette première expression des passions est indépendante de la volonté ; mais il y a une autre sorte d'expression qui semble être produite par une réflexion de l'esprit et par le commandement de la volonté, qui fait agir les yeux, la tête, les bras et tout le corps : ces mouvemens paraissent être autant d'efforts que fait l'ame pour défendre le corps, ce sont au moins autant de signes secondaires qui répètent les passions, et qui pourraient seuls les exprimer, par exemple, dans l'amour, dans le desir, dans l'espérance, on lève la tête et les yeux vers le Ciel, comme pour demander le bien que l'on souhaite, on porte la tête et le corps en avant, comme pour avancer, en s'approchant,

la possession de l'objet désiré ;
on étend les bras , on ouvre les
mains , pour l'embrasser et le saisir : au contraire dans la crainte ,
dans la haine , dans l'horreur, nous
avançons les bras avec précipita-
tion , comme pour repousser ce qui
est l'objet de notre aversion. Nous
détournons les yeux et la tête ,
nous reculons pour l'éviter.

Ces mouvemens sont si prompts
qu'ils paraissent involontaires , mais
c'est un effet de l'habitude qui nous
trompe ; car ils dépendent de la
réflexion et marquent seulement la
perfection des ressorts du corps
humain , par la promptitude avec
laquelle tous les membres obeïssent
aux ordres de la volonté.

La tête en entier prend dans les
passions des positions et des mouvemens différens ; elle est abaissée

en avant dans l'humilité, la honte, la tristesse, penchée de côté dans la langueur et la pitié, élevée dans l'arrogance, droite et fixe dans l'opiniâtreté. La tête fait un mouvement en arrière dans l'étonnement et plusieurs mouvemens réitérés de côté et d'autre dans le mépris, la colère et l'indignation.

CHAPITRE IV.

Symptômes des différentes passions.

J'ENTENDS par symptômes des passions les mouvemens qui les accompagnent ordinairement, et qui sont indépendans de notre volonté ainsi que de notre réflexion. Tels sont les soupirs, les sanglots, les gémissemens, les cris, les larmes, et le bâillement qui provient d'une affection nerveuse.

De la rougeur et de la paleur.

On rougit dans la honte, la colère, l'orgueil, la joie; on pâlit

dans la crainte, l'effroi et la tristesse ; cette altération de la couleur du visage est absolument involontaire, elle manifeste l'état de
l'ame sans son consentement; c'est
un effet du sentiment sur lequel
la volonté n'a aucun empire, elle
peut commander à tout le reste et
changer par la réflexion, jusqu'à
un certain point, les mouvemens
musculaires du visage ; mais il n'est
pas possible d'arrêter le changement de couleur, parce qu'il dépend
comme je l'ai déja dit dans la première partie, (page 244,) d'un mouvement du sang occasionné par
l'action du diaphragme qui est le
principal organe du sentiment intérieur.

Des soupirs.

Lorsqu'on vient à penser tout-à-coup à quelque chose qu'on desire ardemment ou qu'on regrette beaucoup, on ressent un tressaillement ou un serrement intérieur ; ce mouvement du diaphragme agit sur les poumons, les élève et occasionne une inspiration vive et prompte qui forme le soupir ; et lorsque l'ame a réfléchi sur la cause de son émotion, et qu'elle ne voit aucun moyen de remplir son desir ou de faire cesser ses regrets, les soupirs se répètent, la tristesse qui est la douleur de l'ame, succède à ces premiers mouvemens, et lorsque cette douleur de l'ame est profonde et subite, elle fait couler des l'armes.

Sanglots.

L'air entre dans la poitrine par secousses, il se fait plusieurs inspirations réftérées par des espèces de mouvemens involontaires. Chaque inspiration fait un bruit plus fort que celui du soupir, c'est ce qu'on appelle sanglotter ; les sanglots se succèdent plus rapidement que les soupirs, et le son de la voix se fait un peu entendre.

Gémissemens.

Les accens de la voix sont encore plus marqués dans le gémissement, c'est une espèce de sanglot dont le son lent se fait entendre dans l'inspiration et dans l'expiration ;

son expression consiste dans la continuation et la durée d'un ton plaintif formé par des sons inarticulés : ces sons du gémissement sont plus ou moins longs , suivant le dégré de tristesse , d'affliction et d'abatement qui les cause , mais ils sont toujours répétés plusieurs fois ; le tems de l'inspiration est celui de l'intervalle de silence qui est entre les gémissemens , et ordinairement ces intervalles sont égaux pour la durée et pour la distance.

Cri plaintif.

Le cri plaintif est un gémissement exprimé avec force et à haute voix ; quelquefois ce cri se soutient dans toute son étendue sur le même ton, c'est surtout lorsqu'il est fort élevé et très aigu ; quelquefois aussi il finit par un ton plus bas, c'est ordinairement lorsque la force du cri est modérée.

———————

Des larmes.

Dans l'affliction, la joie, l'amour, la honte, la compassion, les yeux se gonflent tout-à-coup, une humeur surabondante les couvre et les obscurcit, il en coule des larmes ; l'effusion des larmes est toujours accompagnée d'une tension des muscles du visage, qui fait ouvrir la bouche ; l'humeur qui se forme naturellement dans le nez devient plus abondante, les larmes s'y joignent par des conduits intérieurs ; elles ne coulent pas uniformément, et elles semblent s'arrêter par intervalles.

Du bâillement.

Dans les instans les plus vifs des passions, la machoire a souvent un mouvement involontaire, ainsi que dans les momens où l'ame n'est affectée de rien ; la douleur, le plaisir, l'ennui font également bâiller, mais il est vrai qu'on bâille vivement et que cette espèce de convulsion est très prompte dans la douleur et le plaisir, au lieu que le bâillement de l'ennui en porte le caractère, par la lenteur avec laquelle il se fait.

VI. DIVISION.

De la Physiologie des Animaux comparée à celle de l'Homme.

CHAPITRE PREMIER.

Dignité de la nature humaine.

CHAQUE animal a une qualité essentielle qui le distingue ; et ce n'est pas seulement par la structure qu'une espèce diffère d'une autre, c'est encore par le caractère principal : or ce caractère se manifeste dans les animaux par une forme particulière.

Ne pourrait-on pas conclure par anologie que chacune des principales qualités de l'ame ayant son expression dans une forme particulière du corps, chaque qualité principale des animaux se manifeste aussi dans l'ensemble de la forme qui leur est propre ?

Ce caractère principal commun à toute une espèce d'animaux, se conserve tel que la nature l'a produit. Il n'est point altéré par des qualités accessoires, et l'art ne saurait le voiler. En un mot le fond du caractère change tout aussi peu que la forme.

Ne semble-t-il donc pas qu'on pourrait dire avec assurance : telle forme n'exprime que tel caractère principal? Il s'agit ensuite d'examiner si cette règle est applicable à l'homme, c'est-à-dire, si la forme qui indique la qualité essentielle d'un animal, indique aussi la qualité essentielle de l'homme. De telles observations auraient d'autant plus de justesse et de vérité, que de la part des animaux, on n'aurait à craindre aucune espèce de dissimulation.

Or il est aisé de prouver que les animaux ayant comme nous des signes extérieurs des passions, ont aussi une physionomie, qui doit avoir les mêmes principes que la nôtre.

La nature se ressemble toujours; elle n'agit point arbitrairement et sans loix. C'est la même sagesse, et la même force qui crée tout, forme tout, et produit chaque variété, d'après une même loi, d'après une même volonté. Ou tout est soumis à l'ordre et à des lois, ou rien n'y est soumis.

Quelqu'un pourrait-il ne pas appercevoir les différences qui caractérisent ce que nous appellons *les trois règnes de la nature*, tant à l'égard des forces internes, que par rapport aux formes extérieures? La pierre et le métal, ont bien moins de force vitale qn'une plante ou qu'un arbre — ceux-ci, beaucoup moins qu'un animal vivant. Chaque pierre, chaque minèral, chaque plante, chaque arbre, chaque espèce d'animaux, même chaque individu, a sa mesure particulière de vie et de force mobile, aussi bien qu'un extérieur qui lui est propre et qui le distingue de tout autre.

Il y a donc pour le minéralogiste

une physionomie des minéraux , pour le botaniste une physionomie des plantes , pour le naturaliste et le chasseur , une physionomie des animaux.

Quelle différence proportionnelle de force et de forme entre l'algue et le chêne , le jonc et le cèdre , la violette et l'héliotrope ! Depuis l'insecte invisible jusqu'à l'éléphant la gradation du caractère interne et externe n'est-elle pas toujours en rapport ?

Parcourez d'un œil rapide le règne entier de la nature — ou bornez-vous à comparer quelques unes de ses productions , tout vous confirmera qu'il existe une harmonie constante entre les forces internes et les signes extérieurs.

Nous avons déjà vu que la conformation des dents était tout à fait différente entre les animaux féroces et les animaux paisibles. Les serres du vautour ne ressemblent pas aux pattes de l'innocente colombe. Ainsi chaque animal a une forme particulière qui répond à son caractère. Or le même principe qui a fait naître en lui ses goûts et ses penchans existe aussi dans l'homme et y produit les mêmes effets.

On ne saurait disconvenir de la grande supériorité que la nature a accordé à la nature humaine, non-seulement quant aux avantages que la société lui a procurés au-dessus des animaux errans et dispersés ; mais encore quant à son organisation.

S'il existait, dit *Lavater*, une créature qui fût le complément, le lien sensible des êtres créés, un être intermédiaire entre le créateur et la créature , cet être assurément serait l'homme.

Quelle simplicité ! quelle noblesse dans la structure du corps humain ! Cependant ce n'est que l'enveloppe de l'ame , son voile, son organe. Par combien de langages , de mouvemens et de signes elle se révèle dans ses traits ! Elle s'y peint comme dans un miroir magique.

L'homme est à la fois le fils et le souverain de la terre. Sa force lui soumet la plus grande partie des êtres qui l'entourent , et son adresse triomphe des autres , ou les soumet à sa volonté. La nature le fait marcher , le génie le fait voler , l'art le fait nager.

Son organisation le met infiniment au-dessus de tous les êtres créés. Il n'est point de forme plus

noble, plus sublime, plus majes-
tueuse et qui renferme autant de
facultés que la sienne. Sa tête et
surtout son visage, la figure de
ses os comparés à ceux de tout
autre animal, découvre à l'observateur sa préémininence. L'œil,
le regard, la bouche, les joues ,
la surface du front, considérés soit
dans l'état de repos absolu, soit
dans les innombrables variations
de leurs mouvemens, sont l'expression la plus vive et la plus parlante
du sentiment intérieur qui l'anime,
de ses desirs et de toutes ses passions.

« Quelle main pourra, dit *Herder* (★) , saisir cette substance
logée dans la tête et sous le crâne
de l'homme ? Un organe de chair

______

(★) *Herder* célèbre physionomiste Allemand.

et de sang pourra-t-il atteindre cet abyme de facultés et de forces internes et externes qui fermentent ou se reposent? la Divinité elle-même a pris soin de couvrir ce sommet sacré, séjour et attelier des opérations les plus secrètes. La Divinité, dis-je, l'a couvert d'une forét, emblême des bois sacrés où jadis on célebrait les mystères. On est saisi d'une terreur religieuse à l'idée de ce mont ombragé qui renferme des éclairs, dont un seul échappé du chaos peut éclairer, embellir ou dévaster le monde.

» Quelle majesté n'a pas la forét de cet olympe, sa croissance naturelle, la manière dont la chevelure s'arrange, descend, se partage ou s'entremêle?

» Le cou sur lequel la téte est

appuyée , montre , non ce qui est dans l'intérieur de l'homme , mais ce qu'il veut exprimer. Il designe la fermeté et la liberté , ou bien la mollesse et la douce flexibilité. Tantôt son attitude noble et dégagée annonce sa dignité, tantôt en se courbant il exprime sa résignation , et tantôt c'est une colonne immobile , embléme de la force d'Alcide. Enfin ses difformités , et son enfoncement dans les épaules sont encore des signes caractéristiques et pleins de vérité.

» Passons au visage humain, tableau de l'ame , image de la Divinité.

» Le front est le siége de la joie , de la sérénité ; du noir chagrin , de l'angoisse , de la stupidité , de l'ignorance et de la méchanceté. C'est une table d'airain où tous les sentimens se gravent en caractères de feu.

» A l'endroit où il s'abaisse, l'entendement parait se confondre avec la volonté. C'est ici où l'ame se concentre et rassemble des forces pour se préparer à la résistance.

» Au-dessous du front commence sa belle frontière, le sourcil, arc-en-ciel de paix dans la douceur, — arc tendu de la discorde, lorsqu'il exprime le couroux ; ainsi dans l'un et l'autre cas, c'est le signe annonciateur des affections. Il n'est point d'aspect plus attrayant pour l'observateur éclairé, qu'un angle fin bien prononcé, et qui se termine avec grace entre le front et l'œil.

» Le nez met un ensemble à tous les traits du visage ; il forme pour ainsi-dire une montagne de séparation entre deux vallées opposées :

la racine du nez, son dos, sa pointe, son cartilage, les ouvertures par lesquelles il respire la vie — que de signes expressifs de l'esprit et du caractère !

» Les yeux sont par leur forme les fenêtres de l'ame, des globes diaphanes, des sources de lumière et de vie. Le simple tact découvre que leur forme artistement arron-die, leur coupe et leur grandeur ne sont pas des objets indifférens. Il n'est pas moins essentiel d'obser-ver si l'os de l'œil avance beaucoup, ou s'il se perd imperceptiblement, si les tempes se creusent en caver-nes ou présentent une surface unie.

» En général, la région où se rassemblent les rapports mutuels entre les sourcils, les yeux et le nez, est le siège de l'expression de l'ame dans notre visage, c'est-à-dire, l'expression de la volonté et de la vie active.

» Le sens noble profond et oculte de l'ouïe, a été placé par la nature aux deux côtés de la tête où il est caché à demi. L'homme devait ouïr pour lui-même : aussi l'oreille est-elle dénuée d'ornemens. La délicatesse, le fini, voilà sa parure.

» J'arrive à la partie inférieure de la face humaine que la nature environne d'un nuage dans le mâles, et sans doute avec raison. C'est ici que se développent sur le visage les traits de la sensualité, qu'il convenait de cacher dans l'homme. Chacun sait combien la lèvre supérieure caractérise le goût, le penchant, l'appétit, le sentiment de l'amour; que l'orgueil et la colère, la courbent; que la finesse l'aiguise; que

la bonté l'arrondit, que le libertinage l'énerve et la flétrit ; que l'a-
mour et le desir s'y attachent par
un attrait inexprimable. L'usage de
la lèvre inférieure est de lui servir
de support. — Rien de mieux articulé dans l'homme que la lèvre
supérieure à l'endroit où elle ferme
la bouche. Il est encore de la plus
grande importance d'observer l'arrangement des dents et la conformation des joues.

» Une bouche délicate et pure
est peut-être une des plus belles
recommandations. C'est par elle que
doit passer la voix, interprête du
cœur et de l'ame, l'expression de
la vérité, de l'amitié, et des plus
tendres sentimens.

» La lèvre inférieure commence
déja à former le menton, et l'os de
la machoire, qui descend des deux

côtés, le termine — comme il arrondit toute l'ellipse du visage, il peut être regardé comme la véritable clef de voute de l'édifice. Pour répondre à la belle proportion des Grecs, il ne doit être ni pointu, ni creux, mais uni, et sa chûte doit être douce et insensible. Sa difformité est hideuse ».

CHAPITRE II.

Différentes races d'Hommes.

IL n'est permis qu'à un aveugle de douter que les Blancs, les Nègres, les Albinos, les Hottentots, les Lapons, les Chinois, les Américains, soient des races entièrement différentes (*).

« Il n'y a point de voyageur instruit qui, en passant par Leyde, n'aît vu la partie du *reticulum mucosum* d'un Nègre disséqué par le célèbre *Ruish*. Tout le reste de cette membrane est dans le cabinet des raretés à Petersbourg. Cette

-----

(*) Voltaire.

membrane est noire, et c'est elle
qui communique aux Nègres cette
noirceur inhérente qu'ils ne perdent
que dans les maladies qui peuvent
déchirer ce tissu, et permettre à la
graisse échappée de ses cellules de
faires des taches blanches sous la
peau.

» Leurs yeux ronds, leur nez épaté,
leurs lèvres toujours grosses, leurs
oreilles différemment figurées, la
laine de leur tête, la mesure même
de leur intelligence, mettent entr'eux et les autres espèces d'hommes des différences prodigieuses ;
et ce qui démontre qu'ils ne doivent point cette différence à leur
climat, c'est que des Nègres et des
Négresses transportés dans les pays
les plus froids, y produisent toujours des animaux de leurs espèce,
et que les Mulâtres ne sont qu'une

race bâtarde d'un noir et d'une blanche, ou d'un blanc et d'une noire.

» Les Albinos sont, à la vérité une
nation très petite et très rare ; ils
habitent au milieu de l'Afrique.
Leur faiblesse ne leur permet guère
de s'écarter des cavernes où ils de-
meurent ; cependant les Nègres en
attrapent quelquefois , et nous les
achetons d'eux par curiosité. J'en
ai vu deux, et mille Européens en
ont vu. Prétendre que ce sont des
Nègres-nains , dont une espèce de
lèpre a blanchi la peau, c'est comme
si l'on disait que les noirs eux-
mêmes sont des blancs que la lèpre
a noircis. Un Albino ne ressemble
pas plus à un Nègre de Guinée
qu'à un Anglais ou à un Espa-
gnol. Leur blancheur n'est pas la
notre, rien d'incarnat, nul mélange
de blanc et de brun , c'est une

couleur de linge , ou plutôt de cire
blanchie ; leurs cheveux , leurs sourcils sont de la plus belle et de la
plus douce soie ; leurs yeux ne
ressemblent en rien à ceux des autres hommes , mais ils approchent
beaucoup des yeux de perdrix. Ils
ressemblent aux Lappons par la
taille, à aucune nation par la tête ,
puisqu'ils ont une autre chevelure ,
d'autres yeux , d'autres oreilles , et
ils n'ont d'homme que la stature
du corps , avec la faculté de la parole et de la pensée , dans un dégré très éloigné du nôtre.

» Le tablier que la nature a donné
aux Cafres , et dont la peau lâche
et molle tombe du nombril à la moitié des cuisses ; (*) le mammelon

____

(*) Les femmes des Hottentots ont aussi une
espèce d'excroissance ou de peau dure et large ,

noir des femmes Samoyèdes , la
barbe des hommes de notre continent, et le menton toujours imberbe
des Américains , sont des différences si marquées , qu'il n'est guère
possible d'imaginer que les uns et
les autres ne soient pas des races
différentes.

» Au reste, si l'on demande d'où
sont venus les Américains ? Il faut
aussi demander d'où sont venus
les habitans des Terres Australes ?
On a trouvé des hommes et des
animaux par - tout où la terre est

---

qui leur croit au-dessus de l'os pubis , et qui
descend jusqu'au milieu des cuisses en forme
de tablier. Les femmes naturelles du Cap sont
sujettes aussi à cette monstrueuse difformité ,
qu'elles découvrent à ceux qui ont assez de curiosité ou d'intrépidité pour demander à la voir
ou à la toucher.

habitable. Qui les y a mis ? — C'est celui qui y a planté des arbres et fait croître de l'herbe.

» Plusieurs savans ont soupçonné que quelques races d'hommes, ou d'animaux approchans de l'homme, ont péri ; les Albinos sont en petit nombre, si faibles et si maltraités par les Nègres, qu'il est à craindre que cette espèce ne subsiste pas encore long-temps.

» Il est parlé des satyres dans presques tous les auteurs anciens. Je ne vois pas que leur existence soit impossible ; on étouffe en Calabre quelques monstres mis au monde par des femmes. Il n'est pas improbable que dans les pays chauds, des singes aient subjugué des filles. *Herodote*, au livre II, dit que, dans son voyage en Egypte, il y eut une femme qui s'accoupla publiquement avec un bouc dans la province de Mendès; et il appelle toute l'Egypte en témoignage. Il est défendu dans le Lévitique, au chap. 17, de commettre des abominations avec les boucs et les chèvres. Il faut donc que ces accouplemens aient été communs; et, jusqu'àce qu'on soit mieux éclairci, il est à présumer que des espèces monstrueuses ont pu naître de ces amours abominables; mais si elles ont existé, elles n'ont pu influer sur le genre - humain; et semblables aux mulets qui n'engendrent point, elles n'ont pu dénaturer les autres races ».

Parmi toutes les observations physiques qu'on peut faire sur l'Amérique, c'est qu'on n'y trouve qu'un seul peuple qui ait de la barbe; ce sont les Esquimaux; ils habitent au nord vers le cinquante-deuxième dégré, où le froid est plus vif qu'au soixante – sixième de notre continent. Leurs voisins sont imberbes. Voilà donc deux races d'hommes différentes à côté l'un de l'autre.

Vers l'Isthme de Panama est la race des Dariens, presque semblables aux Albinos, qui fuit la lumière et qui végète dans des cavernes ; race faible, et par conséquent en très petit nombre.

On trouve aux isles Philippines des hommes qui ont une espèce de queue de quatre ou cinq pouces semblable à celles des animaux. (Voyez les voyages de *Gemelli Careri*, Paris 1719. t. V. p. 68.) *Struys* annonce le même fait, ainsi que *Ptolémée* et *Marc Paul*, dans sa description géographique, imprimée à Paris en 1656 ; où il rapporte que dans le royaume de Lambry, il y a des hommes qui ont des queues de la longueur de la main , qui vivent dans les montagnes.

La taille des hommes offre aussi une différence si marquée , qu'il n'est pas possible de les supposer tous de la même espèce. Les voyageurs s'accordent à dire que les habitans des terres Magellaniques , sont d'une grandeur démesurée : mettons à part les exagérations que l'imagination enfante , et le plaisir si naturel aux voyageurs , de dire des choses extraordinaires , même aux dépens de la vérité : il n'en est pas moins vrai qu'il y a des espèces infiniment plus grandes et plus petites que la notre. En supposant que les Patagons n'ayent pas douze pieds de haut, comme on a bien voulu nous le dire, il est néanmoins certain qu'il y a une extrême disproportion entre leur taille et celle des Lappons à qui on en donne trois.

On conserve à Edimbourg et dans plusieurs autres villes, des ossemens humains qui annoncent par leurs dimensions, une taille de plus de vingt pieds : mais outre qu'on ne doit pas croire facilement des choses extraordinaires, ne serait-il pas possible qu'on eût pris les os d'un animal pour des os humains, ou que certains ossemens qu'on aura trouvés en terre ayent été aggrandis par quelque maladie dont l'individu avait été attaqué ?

Laissons donc aux amateurs du merveilleux, le soin d'exagérer la taille des géans comme la petitesse des nains. On sait que de petits mensonges récréatifs sont les menus plaisirs et les délassemens des voyageurs et surtout de ceux qui viennent de loin. Le physiologiste eu lisant ces sortes d'ouvrages, regarde l'auteur du coin de l'œil, et sans s'amuser à le contredire, le remercie en souriant du charme de ses inventions. L'histoire des voyages est pour lui comme celle de la mythologie, il y cherche la vérité parmi les fables.

Je me contenterai de dire un mot de ces peuples qu'on a appellés sauvages et qui l'étaient moins que ceux qui ont apporté chez eux la désolation et la mort. Si la nature leur a refusé les biens et l'aisance que l'industrie, les arts, et le commerce ont introduit dans les autres climats, elle leur a accordé du moins une ame capable de souffrir, et un physique assez robuste pour résister à la fatigue et aux rayons d'un soleil brûlant. Nos sciences et nos arts ne sont que pour une classe peu nombreuse de la société, leur lumière ne s'est répandue que sur un petit nombre d'êtres privilégiés, et la corruption qu'ils mènent à leur suite a reflué sur chaque individu. Sommes nous plus heureux que ces peuples, ou ne le seraient-ils pas plus que nous, si le sort des armes trop souvent injuste ne les avait soumis à des hommes cent fois plus barbares qu'eux ?

Entendez-vous par sauvages, dit *Voltaire*, des rustres vivant dans leurs cabanes avec leurs femelles et quelques animaux, exposés sans cesse à toute l'intempérie des saisons, ne connaissant que la terre qui les nourrit, le marché où ils vont quelquefois vendre leurs denrées pour y acheter quelques habillemens grossiers, parlant un jargon qu'on n'entend pas dans les villes, ayant peu d'idées et par conséquent peu d'expressions ; soumis,. sans qu'ils sachent pourquoi, à un homme de plume à qui ils portent tous les ans la moitié de ce qu'ils ont gagné à la sueur de leur front ; se rassemblant certains jours dans une espèce de grange pour célébrer des cérémonies où ils ne comprennent rien ; écoutant un homme vêtu autrement qu'eux, et qu'ils n'entendent point ; quittant quelquefois leur chaumière lorsqu'on bat le tambour, et s'engageant à s'aller faire tuer dans une terre étrangère, et à tuer leur semblables pour le quart de ce qu'ils peuvent gagner chez eux en travaillant ? — Il y a de ces sauvages - là dans toute l'Europe. Il faut convenir surtout que

les peuples du Canada et les Cafres
qu'il nous a plu d'apeller sauvages
sont infiniment supérieurs aux nô-
tres. Le Huron, l'Algonquin, l'Il-
linois, le Cafre, le Hottentot, ont
l'art de fabriquer eux-mêmes tout
ce dont ils ont besoin, et cet art
manque à nos rustres. Ces préten-
dus sauvages ont une patrie, l'aiment, la défendent, font des traités,
se battent avec courage et parlent
souvent avec une énergie héroïque.
Y a - t - il une plus belle réponse
dans les grands hommes de *Plu-
tarque*, que celle de ce chef des
Canadiens à qui une nation Euro-
péenne proposait de lui céder son
patrimoine : *Nous sommes nés sur
cette terre, nos pères y sont enseve-
lis ; dirons-nous aux ossemens de
nos pères : levez-vous et venez avec
nous dans une terre étrangère ?*

CHAPITRE III.

Du crâne de l'homme, comparé à celui des animaux.

Lavater envisage le systême osseux comme l'esquisse du corps humain. Le crâne est selon lui la base, l'abrégé de ce systême, de même que le visage est le résultat et le sommaire de la forme humaine en général. D'après ces principes, les chairs ne sont en quelque sorte que le coloris qui relève le dessin ; ainsi un des objets principaux des recherches du physionomiste doit être la constitution, la forme et la courbure du crâne.

« On sait que le fétus n'est d'abord qu'une substance molle et mucilagineuse, qu'on croirait homogène dans toutes ses parties. Les os même ne sont dans le commencement qu'une espèce de gelée qui devient ensuite membraneuse , puis cartilagineuse , et enfin dure et osseuse.

» A mesure que cette gelée si transparente et si délicate dans l'origine croît , s'épaissit et perd sa transparence , on y remarque un petit point plus ferme et plus opaque , qui diffère du cartilage et tient déja de la nature des os , sans en avoir la dureté. Ce point est pour ainsi dire le noyau de l'os qui va se former , le centre d'où part l'ossification pour gagner la circonférence.

» On apperçoit déja dans ce germe osseux des différences qui font juger quelle sera la forme des os lorsqu'ils auront atteint leur dégré de perfection. Dans les os du crâne , le noyau parait d'abord au centre de chaque pièce , et l'ossi-fication s'étend ensuite en tout sens , par le moyen d'une infinité de fibres que le point osseux pousse en guise de rayons et qui s'alongent , s'é-paississent , se durcissent de plus en plus et se lient ensemble par un tissu membraneux. La jonction des différentes parties du crâne produit ensuite ces sutures dentelées , dont on admire avec raison la délica-tesse.

» Voilà la première époque de l'ossification. La seconde peut être placée environ dans le quatrième ou cinquième mois. Pendant cet inter-valle , les os et toutes les parties en général , prennent une forme plus parfaite et plus distincte , à mesure que l'ossification gagne successive-ment tout le cartilage , à proportion de la force et de la vivacité du fétus.

» Ce qui reste encore de carti-lagineux dans l'os nouvellement formé, diminue, s'affermit; et blan-chit jusqu'au sixième et septième mois, à mesure que la partie os-seuse se perfectionne. Les mêmes os n'ont pas toujours une égale durté et quelquefois elle varie dans les différentes parties du même os. En général ils sont toujours plus durs vers le centre et le principe de l'ossification, et leur solidité dé-croît à mesure qu'ils s'en éloignent. D'ailleurs tandis que les os se con-solident, ce qui arrive avec l'âge, leur rigidité avance par dégrés im-perceptibles. Ce qui était encore car-tilage dans l'adulte, finit par s'ossifier dans le vieillard; et par devenir cas-sant à force d'être sec et compacte.

» On découvre dans les os une multitude de vaisseaux qui leur apportent la moëlle et le suc nourricier. Plus le sujet est jeune , plus il y a de ces vaisseaux , et plus aussi les os sont spongieux et flexibles.

» Le crâne qui par la suite acquiert une si grande solidité , est mou et flexible dans les enfans ; la surface interne est entrecoupée d'un grand nombre de sillons , de canaux et d'inégalités ; c'est la pression continuelle du sang , des veines , et même celle du cerveau qui les produit.

» Les apophyses mastoïdiennes des os temporaux , qui sont placées derrière le canal auditif ne paraissent ni dans le fétus ni dans les premières années de l'enfance ; elles ne croissent et ne s'épaississent qu'avec

l'age. Dans les femmes et les personnes qui mènent une vie séden-
taire , elles sont petites , arrondies
et lisses. Au contraire dans le pay-
san , le porte-faix , et tous les gens
endurcis au travail , elles sont grandes, couvertes d'aspérités , obliques ,
courbées en avant vers le bas ,
dans la même direction que celles
des muscles qui y répondent.

» C'est donc la pression des muscles , et celle des parties avoisinant
les os , qui gravent à leur surface et dans leur substance même
toutes sortes de dessins et de sillons.
C'est principalement à la surface
du crâne que se trouvent les marques distinctives du genre de vie
du sujet auquel il a appartenu ».

Le travail et les exercices violens donnent une grande force aux
muscles temporaux. On raconte que

Milon de Crotone et les anciens athlètes cassaient par la seule tension de ces muscles de grosses cordes avec lesquelles on leur serrait la tête.

La fatigue et l'habitude de résister à l'intempérie de l'air, contribue aussi beaucoup à rendre le crâne plus épais et plus dur. Les historiens rapportent qu'après les guerres des Mèdes et des Perses, on trouva sur un champ de bataille des ossemens qui y étaient restés plusieurs années après le combat, et on distinguait encore les crânes du *Mède* efféminé d'avec ceux du *Perse* agguerri. On a dit la même chose à l'égard des Suisses et des Bourguignons.

Un bel esprit a plaisanté *Lavater* sur l'importance qu'il met au système osseux, pour connaître le caractère d'un individu. On a trouvé, dit-il dans les catacombes aux environs de Rome, une quantité de squelettes, qu'on a pris pour des reliques de saints, et révérés comme tels. Dans la suite plusieurs savans ont révoqué en doute que les catacombes eussent servi de tombeau aux premiers chrétiens et aux martyrs, et même ils ont conjecturé qu'elles pourraient avoir été le lieu de la sépulture des malfaiteurs et des brigands. Cette contestation a fortement troublé la dévotion des fidèles. Si la *Physiologie*, ajoute-t-il, est une science bien sûre, que n'a-t-on fait venir *Lavater* qui à la simple vue et à l'attouchement, aurait séparé les os du saint de ceux du brigand, et rétabli ainsi les vraies reliques dans leur premier crédit?

On peut répondre à cela que la

simple forme du crâne, ses proportions, sa durté ou sa mollesse suffisent à la vérité pour faire reconnaître
l'énergie ou la faiblesse du caractère de l'individu auquel il a appartenu : mais l'énergie ou la faiblesse
ne sont en elles-mêmes ni vices ni
vertus ; ce ne sont point nos facultés qui sont dignes d'éloge ou de
blâme ; c'est l'usage que nous en
fesons. D'ailleurs ne sait-on pas que
beaucoup de brigands se sont dis-
tingués par de l'esprit et une activité surprenante ? En peut-on dire
autant de la plupart des saints dont
les noms figurent dans l'almanach ?

« On retrouve dans la tête d'un
enfant des caractères suffisans pour
la distinguer de celle de tout autre
individu de l'espèce humaine, et
ces signes distinctifs résident aussi
bien dans l'assemblage et la forme

du tout , que dans chaque partie prise à part.

» On sait que la tête de l'enfant est beaucoup trop grosse par rapport au reste de son corps , et que cette disproportion est surtout sensible dans l'enfant qui vient de naître , et dans celui qui n'a pas vu le jour. De même en comparant les crânes du fétus, de l'enfant et de l'adulte ; on trouve que la partie du crâne qui contient le cerveau est plus grosse que celles qui forment le reste du visage et les machoires ; c'est ce qui fait qu'ordinairement le front des enfans , et surtout le haut de cette partie avance si fort. Les os des deux machoires, et les dents dont elles renferment les germes , se développent plus tard et arrivent à leur perfection par des progrès plus lents. En général le bas de la tête grossit plus que le haut, jusqu'à ce qu'il aît atteint le terme de son accroissement. Les apophyses mastoïdiennes, et quelques autres qui sont placées derrière et sous l'oreille, ne paraissent qu'après la naissance. Il en est de même de la plupart des sinus pituitaires qui se trouvent dans la subtance des mâchoires. La figure conique de ces os, la quantité d'angles, de bords et d'épiphyses qui forment un même corps avec eux, le jeu perpétuel des muscles qui sont attachés à ces protubérances solides, suffisent pour expliquer facilement des accroissemens et des altérations, que la boîte osseuse et arrondie du cerveau n'admet plus, du moment qu'elle est fermée et que les sutures sont consolidées.

» Cet accroissement inégal des deux

parties principales du crâne doit produire nécessairement de grandes différences dans l'ensemble. On peut y ajouter encore celles qui naissent des bords , des arrêtes , des angles et des anfractuosités qui résultent de l'action des muscles.

» Dans la suite la partie antérieure du visage s'allongera et se poussera en avant sous le front ; et comme les parties latérales s'éloigneront d'avantage à mesure qu'elles s'ossifieront et se développeront , le crâne qui dans le fétus s'abaissait en forme de poire , perdra bientôt cette figure.

» Les sinus frontaux et pituitaires ne se forment aussi qu'après la naissance ; c'est pourquoi nous ne voyons point aux enfans d'élévation au-dessus du nez, ni près des sourcils.

On remarque quelquefois la même chose dans les adultes, lorsque ces cavités manquent entièrement, ou qu'elles sont trop petites. En général elles varient beaucoup.

» Le nez subit aussi de grands changemens ; mais les os ont moins de part à ses variations progressives, cette partie étant presqu'entièrement cartilagineuse.

» Les crânes de deux personnes d'un sexe différent, offrent des distinctions marquées. Le travail et la force sont le partage d'un homme, la beauté a été reservée pour la femme, que sa forme appelle à la propagation de l'espèce. Aussi retrouve-t-on dans les os du mâle des signes de la vigueur et de la force ; son squelette et son crâne sont plus faciles à analyser, de même qu'en général les traits hardis et fortement prononcés sont plus aisés à rendre que des traits faibles et délicats.

» La structure du systême osseux tout entier, et celle du crâne en particulier, sont évidemment plus solides dans l'homme que dans la femme. Le squelette de l'un augmente en largeur et en épaisseur depuis les hanches jusqu'aux épaules. De larges épaules et une figure quarrée annoncent donc une constitution robuste. Au contraire le squelette de l'autre diminue en remontant, devient plus mince et plus effilé par le haut, et finit presque toujours par s'arrondir. Quelques-uns de ses os sont même plus délicats, plus unis, plus lisses et plus arrondis; ils ont des ligamens moins forts, moins d'arrêts et des angles moins saillans.

Les cavités de la bouche, du palais, et de toutes les parties qui composent l'organe extérieur de la parole sont plus petites dans les femmes que dans les hommes; leur menton est plus étroit et plus rond, et par conséquent plus analogue au creux de la bouche.

S'il faut en croire *Vésal*, la forme la plus belle et la plus naturelle du crâne est un sphéroïde allongé, aplati des deux côtés, saillant par devant et par derrière.

Les formes défectueuses sont : 1°. Celles dont la voûte antérieure n'est pas assez saillante. 2°. Celles dont les protubérances antérieures sont irrégulières. 3°. Celles qui n'ont de protubérances ni devant, ni derrière. 4°. Enfin celles dont les protubérances sont placées aux deux côtés de la tête.

On peut mettre au nombre des crânes difformes ceux dont le profil est trop arrondi ou trop perpendiculaire, ceux dont le devant est écrasé et le haut trop enfoncé ou trop élevé. Ces difformités dont nous venons de parler se présentent dans la plus grande partie des individus et offrent des nuances qui varient à l'infini.

Il n'y a, comme on voit de ressemblance entre un homme et un autre, ni dans la structure externe, ni dans la structure interne du système osseux : il existe une différence entre ces parties, non-seulement de nation à nation, mais aussi entre parens. On remarque cependant que ces différences ne sont pas aussi marquées entre les individus qui appartiennent à une famille, à une nation, qu'entre les nations éloignées qui ont un genre de vie tout différent. Plus les hommes se rapprochent par les liens du sang et ceux de la société, plus aussi ils se ressemblent par le langage, la façon de vivre, les mœurs, enfin par la conformation des parties extérieures. C'est pourquoi on remarque une sorte de ressemblance entre les peuples qui sont en relation de commerce et d'affaires.

Leur forme s'assimile en quelque sorte par l'influence du climat, par la force de l'imitation et par celle de l'habitude ; ressorts qui agissent si puissamment sur la nature du corps et sur celle de l'ame, c'est-à-dire sur nos facultés visibles et cachées: Cependant cette assimilation ne détruit point le caractère national, qui reste toujours le même, et qu'il est souvent plus aisé d'appercevoir que de décrire.

Il faut convenir que la forme du visage conserve plus que celle du système osseux, l'impression du caractère particulier de chaque peuple, recevant mieux l'empreinte de l'ame, cependant la diversité de force, de fermeté et de structure, de proportion même entre les parties du squelette, manifeste une partie des différences caractéristiques des peuples.

Le crâne d'un *Hollandais*, par exemple, est plus arrondi en tout sens ; les os en sont plus larges, plus uniformes, ont moins de courbures, et en général ont la forme d'une voûte moins aplatie par les côtés.

Le crâne du *Calmouque* a l'apparence beaucoup plus rude et plus grossière ; il est aplati par le haut, proéminent sur les côtés, et en même tems fèrme et compacte; la face est large et plate.

Celui de l'*Ethiopien* est droit et roide, se retrécissant subitement par le haut, aigu au dessus des yeux, saillant au dessous, élevé et globuleux par derrière.

Le front du *Calmouque* est plat et bas, celui de l'*Ethiopien* plus élevé et plus aigu. Dans les *Européens* la voûte du derrière de la tête est plus cintrée et s'arrondit mieux en forme de globe que dans le *Nègre* et l'*Afriquain* en général.

J'ai déjà dit dans la première partie de cet ouvrage, que la forme de la tête dépendait beaucoup de la manière dont elle est façonnée par une sage-femme au moment de notre naissance, et plus encore de la manière dont nous sommes placés dans le berceau, sur le côté ou sur le derrière de la tête; d'après cela il serait difficile selon moi d'établir des règles physionomiques biens certaines sur la différence des crânes ; cependant comme ces variations quelles qu'elles soient, ne peuvent jamais être assez grandes pour qu'il ne reste encore une forme et un caractère primitif particulier à l'espèce humaine, on ne peut disconvenir qu'elle ne soit au dessus de toutes les autres par la forme avantageuse de ses os ; et par leur proportion.

La tête de l'homme, dit *Lavater*, repose sur l'épine du dos — et la structure de son corps est telle qu'il s'ert de colonne d'appui à la voûte qui le couvre. Le crâne, ce réservoir du cerveau qui embrasse la plus grande partie de la tête s'élève en dôme, et sur la face humaine siègent mille genres de sensations. Combien se distingue l'œil, le plus parlant des organes ; soit qu'un doux regard accompagne le mouvement gracieux des joues, soit que d'un regard menaçant il peigne l'impétueuse colère, soit enfin qu'il exprime les intermédiaires de ces deux extrêmes !

Opposez maintenant à cette structure du corps humain, celle des animaux. La tête n'est, pour ainsi dire, qu'attachée à l'épine du dos ; le cerveau, qui fait la prolongation de la moëlle qu'elle renferme, n'a d'étendue que ce qu'il en faut pour l'action des esprits vitaux, pour la direction d'un être purement sensuel, et qui n'existe que pour le présent. Car quoiqu'on ne puisse refuser de la mémoire aux animaux; et qu'ils soient même capables d'un choix réfléchi il parait pourtant que la première de ces deux facultés est la plus dépendante des sens ; le besoin du moment à déterminé la seconde , par l'impression plus ou moins forte causée par des objets sensibles.

La différence des crânes qui est l'indice du caractère déterminé des animaux , fournit la preuve la plus évidente , que le système osseux est en même tems la base de la conformation et la mesure des facultés. C'est d'aprés les os , ou pour mieux dire , c'est avec eux que se forment les parties mobiles, et leur jeu est subordonné aux parties solides.

I.

Le caractère des animaux privés ,

tels que les bêtes de somme et celles qui pâturent, est marqué par des lignes longues et irrégulières, d'abord droites et parallèles, puis courbées en dedans. Tels sont le cheval, l'âne, le cerf, le cochon, le chameau.

La structure de ces têtes ne paraît pas indiquer d'autre but d'existence que le repos et une jouissance paisible. Dans celles de l'âne et du cheval, la ligne courbe qui s'étend depuis l'os de l'œil jusqu'aux narines, est l'indice de la patience. Dans la tête du cochon, une ligne d'abord droite qui rentre imperceptiblement et reprend tout-à-coup sa première direction, désigne l'opiniâtreté.

Observez que dans toutes les têtes dont nous venons de parler, la machoire inférieure est fort épaisse et fort large ; on sent qu'elle est le siège de l'instinct qui porte à mâcher et à ruminer.

Le crâne du bœuf indique de la patience, de la résistance, de la pesanteur dans les mouvemens, un appétit grossier.

Celui du taureau présente l'idée d'une résistance opiniâtre, d'un instinct qui porte à repousser.

I I.

La forme des animaux qui sont voraces sans être féroces, l'espèce des rats que *Lavater* appelle *l'espèce l'arronne*, est encore très expressive. Comme on peut le voir dans le castor et la grande souris des champs.

Des lignes légèrement courbées et voûtées, des surfaces inégales, et une grande finesse, caractérisent

un animal qui découvre aisément
les objets sensibles et qui est promt
à les saisir — elles expriment le desir, la crainte, et la qualité qui
doit nécessairement résulter de ce
mélange, c'est-à-dire, la ruse. La
machoire inférieure d'ordinaire assez
faible, les dents de devant courbées
en pointe suffisent pour broyer les
choses inanimées dont l'animal s'est
emparé ; mais n'ont pas assez de
force pour saisir ou pour détruire
un être vivant capable de résistance.

I I I.

Le *renard*, quoique au rang des
bêtes de proie a quelque affinité
avec l'espèce dont nous venons de
parler ; il est faible, comparé à
d'autres animaux de sa classe. La
déclinaison de la ligne depuis le
crâne jusqu'au nez, la mâchoire

inférieure presque parallèle à cette ligne , donneraient à l'ensemble quelque chose de faible , ou au moins la rendraient plus expressive, si des dents pointues n'indiquaient un petit dégré de férocité dans la séparation des deux mâchoires.

La forme du *chien* a quelque chose de plus ferme , mais moins significatif. La chûte du crâne depuis l'os de l'œil indique l'asservissement au pouvoir des sens. La gueule est plutôt faite pour un appétit modéré que pour une faim gloutonne ou féroce. Quoique le chien aît quelque disposition à la férocité et à la gloutonnerie , on apperçoit dans l'os de l'œil et dans son rapport avec le nez , une certaine expression de droiture et de fidélité.

Entre le chien et le *loup ;* la différence est légère , et cependant fort remarquable. Chez celui-ci, la concavité du sommet de la tête, la convexité au-dessus de l'os de l'œil, les lignes droites qui descendent de là jusqu'au museau indiquent des mouvemens plus violens. C'est en particulier la mâchoire inférieure qui porte l'empreinte de la durté.

Cette empreinte se retrouve dans la mâchoire de l'ours; mais celle-ci est plus large, et annonce plus de fermeté et de résistance.

Chez le *tigre*, la forme pointue de derrière la tête, et la largeur du devant indiquent une promptitude extrême. Sa structure diffère considérablement de celle des bêtes de somme et de pâture. Remarquez ce levier qui couvre l'extrêmité de la nuque et la renforce ; cette voûte applatie, siège d'une perception facile et d'une férocité gloutonne ; ce large museau plein d'énergie ; cette gueule, abîme voûté, prompt à saisir, à déchirer, à engloutir.

Dans la tête du *lion* on remarque la forme allongée et obtuse de derrière la tête. Sa voûte est noble ; la chûte de l'os du museau est rapide et énergique ; le devant de la tête est compacte et annonce de l'énergie, du calme et de la force.

Le caractère du *chat* peut-être défini en deux mots. C'est l'attention et la friandise.

Entre tous les crânes d'animaux celui de l'*éléphant* est le plus remarquable. On voit dans le sommet et le derrière de la tête aussi bien que dans le front, une expression naturelle et vraie de prudence, d'énergie et de délicatesse.

Le contour du crâne du *castor*,

est le plus horizontal et le moins anguleux , ses longues dents qui se touchent en forme d'arc indiquent la bonté et la faiblesse.

L'*hiène* diffère beaucoup des autres formes , et surtout par le derrière de la tête. Le nœud qui la termine , indique le plus haut dégré d'opiniâtreté et d'inflexibilité. On reconnaîtrait en examinant la ligne qui partage le museau de l'hiène vivante , le caractère ou le chiffre d'une durté inexorable.

CHAPITRE IV.

Observations particulières sur les physionomies des animaux et sur leur caractère.

IL est peu d'animaux dont le front soit aussi élevé au-dessus des yeux que celui du *chien* ; mais ce que le front semble lui faire gagner, il le perd, soit par la forme excessivement animale du nez, auquel on reconnait toutes les marques physionomiques du flair, soit encore par la distance qui sépare le museau du nez, et par l'abaissement ou plutôt la nullité du menton. Ses oreilles baissées et pendantes sont en lui un caractère de servitude, c'est une marque qu'on ne retrouve jamais dans un animal sauvage. Le chien de berger semble être la seule espèce d'animaux domestiques qui ait conservé la pureté de son origine.

Le cheval est de tous les animaux celui qui avec une grande taille, a le plus d'élégance et de proportion dans les parties de son corps ; car en lui comparant les animaux qui sont immédiatement au-dessus et au-dessous, on verra que l'âne est mal fait, que le lion a la tête trop grosse, que le bœuf a les jambes trop minces et trop courtes pour la grosseur de son corps, que le chameau est difforme, et que les plus gros animaux, le rhinocéros et l'éléphant ne sont, pour ainsi dire, que des masses informes.

Est-ce toi qui as donné au cheval sa force et qui as orné son col de la crinière qu'il secoue quand il s'anime ? Est-ce toi qui le fais bondir comme la sauterelle ? Son fier hennissement inspire la terreur. De son pied il creuse la terre ; il triomphe en sa force, et s'élance au devant de l'ennemi. Il se rit de la crainte et ne recule point à la vue de l'épée. Les dards sifflent au tour de lui, les piques et les lances brillent à ses yeux. Il s'agite, il frémit, la terre se dérobe sous ses pas ; il craint de ne point arriver au combat. Il répond fièrement au son des trompettes ; il ouvre les narines à l'approche du choc, au bruit de la voix tonnante des chefs et des cris des soldats (job.)

Il est difficile de trouver un animal dont la physionomie soit aussi généralement sentie, aussi prononcée, aussi parlante que celle d'un beau cheval. Son profil est infiniment varié et très caractéristique ; l'observateur y reconnaîtrait les indices de la force ou de la faiblesse , de l'ardeur ou de la lacheté , de la douceur ou de la méchanceté.

Le *chameau* et le *dromadaire* tiennent du cheval, de la brebis et de l'âne , aussi ont-ils un mélange de ces trois caractères : leur bouche différente de celle des bêtes de trait, n'est pas faite pour souffrir le mords et la bride ; et la place qui y semble réservée est marquée entre les yeux et le nez. Leur tête n'offre aucun indice de courage et d'audace. Rien dans leurs narines ne caractérise le fier hennissement du cheval , ni le bruit menaçant du bœuf qui mugit. Les mâchoires sont trop flasques pour être voraces. Les yeux n'expriment que la patience des bêtes de somme.

Qui n'apperçoit dans le *sanglier* un animal sauvage, dépourvu de toute noblesse, lourd, vorace et grossier ? et dans le blaireau un animal ignoble porté à la méfiance, méchant et glouton ?

Le profil du *lion* est très remarquable surtout par le contour du front. Son nez n'est pas à la vérité aussi saillant que celui d'un homme ; mais il l'est beaucoup plus que celui des autres quadrupèdes.

La force et l'arrogance du roi des animaux est clairement exprimée, soit dans l'arc du nez, soit dans sa largeur et dans son parallélisme, soit enfin dans l'angle presque droit que forment les contours des paupières avec les côtés du nez.

Dans les yeux et le mufle du *tigre*, quelle expression de perfi-die ! Quelle fureur sanguinaire !

Des yeux rouges et globuleux, dont les coins sont saillans et pro-longés, un nez large et aplati, la connexion immédiate qui est entre le nez et la gueule, et en parti-culier la ligne de celle-ci, qui re-monte en pointe au milieu, tout porte un caractère animal et féroce. Observez que la dignité du roi des animaux consiste principalement en ce que son *visage*, si l'on peut s'exprimer ainsi, est mieux pro-noncé et plus complet que celui des autres quadrupèdes. Quand on le regarde en face, on découvre aussi-tôt de l'analogie entre le front et le menton. Le poil qui couvre la tête retombe en boucles des deux côtés.

La tête de la *brebis* arrondie au sommet, n'offre rien de saillant, et par conséquent rien de vif ni de pénétrant. La machoire inférieure ne remonte pas comme celle du lion, nulle trace de férocité ou de cruauté dans l'arrangement et la forme de ses dents.

La violence du caractère de *l'éléphant* se manifeste par la quantité et la grosseur de ses os. Leur forme arrondie et voûtée indique sa finesse ; la masse de ses chairs désigne sa mollesse ; la flexibilité de la trompe sa prudence et sa ruse ; la largeur et l'arc du front sont l'indice de sa forte mémoire. Son œil terminé en pointe indique la ruse ; bien différent en cela de l'œil du poisson.

Le contour du front de l'éléphant se raproche des contours du front

humain plus que tout autre front
animal : mais sa situation relativement à l'œil et à la bouche cons-
titue une différence essentielle avec
le front de l'homme ; car celui-ci
forme toujours un angle droit plus
ou moins régulier avec l'arc de
l'œil et la ligne de la bouche. Au
lieu que dans les animaux la ligne
du front est presque parallele à la
position des yeux et de la gueule.

La tête du *bœuf* indique un animal stupide, insouciant, opiniâtre
dans la défense. L'expression de
ces qualités se retrouve particulièrement dans la distance des yeux,
dans leur position oblique, et par
conséquent dans l'espace choquant
qui les sépare, puis dans les narines et plus distinctement encore
dans la ligne que forme le museau.

Le *cerf* porte l'empreinte de

l'agilité, de l'attention, d'une douce et paisible innocence. La pointe de l'œil est extrêmement marquée dans le cerf, et elle est en général l'indice d'un ouie fine, d'une oreille au guet.

Les *chats* sont des tigres en petit, apprivoisés par une éducation domestique ; avec moins de force leur caractère ne vaut guère mieux.

Ils sont envers les oiseaux et les souris ce que le tigre est envers la brebis, et même ils le surpassent en cruauté, par le plaisir qu'ils prennent à prolonger les souffrances de leur victime.

Le chat est un domestique infidèle qu'on ne garde que par nécessité pour l'opposer à un autre ennemi domestique encore plus incommode, et qu'on ne peut

chasser. (*) Quoique les jeunes
chats ayent de la gentillesse , ils
ont en même tems une malice in-
née , un caractère faux , un naturel
pervers que l'âge augmente encore ,
et que l'éducation ne fait que masquer. De voleurs déterminés ils
deviennent seulement , lorsqu'ils
sont bien élevés , souples et flat-
teurs comme les fripons ; ils ont
la même adresse ; la même subti-
lité , le même goût pour faire le
mal , le même penchant à la petite rapine ; comme eux ils savent
couvrir leur marche , dissimuler
leur dessein , épier les occasions ,
attendre , choisir , saisir l'instant
de faire leur coup , se dérober ensuite au châtiment , fuïr et demeu-
rer éloignés jusqu'à ce qu'on les

____

(*) Voyez l'Histoire naturelle de *Buffon*.

rappelle. Ils prennent aisément des habitudes de société, mais jamais des mœurs : Ils n'ont que l'apparence de l'attachement ; on le voit à leurs mouvemens obliques, à leurs yeux équivoques ; ils ne regardent jamais en face la personne aimée ; soit défiance ou fausseté, ils prennent des détours pour en approcher, pour chercher des caresses auxquelles ils ne sont sensibles que pour le plaisir qu'elles leur font. Bien différent de cet animal fidèle, dont tous les sentimens se rapportent à la personne de son maître, le chat parait ne sentir que pour lui, n'aimer que sous condition, ne se prêter au commerce que pour en abuser, et par cette convenance de naturel, il est moins incompatible avec l'homme qu'avec le chien dans lequel tout est sincère.

L'ours exprime la férocité , la fureur , le pouvoir de déchirer ; ami des déserts sauvages il fuit le commerce des hommes. On lui trouve cependant quelques ressemblances avec l'espèce humaine. Il a les jambes et les bras charnus comme l'homme , l'os du talon court et formant une partie de la plante du pied , cinq orteils opposés au talon dans les pieds de derrière , les os du carpe égaux dans les pieds de devant ; mais le pouce n'est pas separé et le plus gros doigt est au dehors de cette espèce de main, au lieu que dans celle de l'homme il est en dedans ; ses doigts sont gros , courts et serrés l'un contre l'autre, aux mains comme aux pieds; du reste il a plus que la plupart des animaux la facilité de se tenir de bout comme un homme, et même de marcher sur ses deux pattes de derrière ; on dit qu'il lance des pierres. Il frappe avec ses poings, comme l'homme avec les siens ; mais ces ressemblances grossières avec nous ne le rendent que difforme, et ne lui donnent aucune supériorité sur les autres animaux.

Le *singe* a bien plus de ressemblance que l'ours avec la forme humaine ; il y en a même certaines espèces dont les femelles ont comme les femmes des maladies périodiques ; c'est une chose attestée par *Buffon* et par tous les naturalistes. Ce trait de ressemblance bien remarquable, et plusieurs autres qu'on ne peut s'empêcher de reconnaître, ont fait dire à plusieurs physiciens que les singes étaient une espèce d'hommes dégénérée.

Leur forme est très variée : mais

celle qui se rapproche le plus de la forme humaine , est l'*orang outang* , ou l'*homme des bois* : quelle que soit cette ressemblance , elle ne peut cependant soutenir l'examen.

Son caratère purement animal qui le met si fort au dessous de l'homme , perce à travers le masque sous lequel la nature semble s'être efforcée de cacher la brute. On reconnait surtout ce caractère :

1°. A son front étroit qui n'a pas à beaucoup près la belle proportion de celui de l'homme.

2°. Au défaut, ou du moins au peu d'effet du blanc de l'œil.

3°. A la proximité des yeux ou à celle de leurs orbites , qui devient infiniment frappante, lorsque les os du crâne sont absolument

dépouillés de muscles et de tégumens.

4°. A son nez excessivement ap-
plati , trop étroit dans le haut et
écrasé dans le bas.

5°. A la position de ses oreilles
placées trop près du sommet de
la tête , et qui dans l'homme sont
presque toujours à la hauteur des
sourcils , et parallèles au nez.

6°. A l'intervalle qui sépare le nez
de la bouche ; intervalle qui dans
le singe est presque de toute la longueur du menton , tandis qu'il n'a
communément dans l'homme que
la moitié de cette longueur.

7°. Aux lèvres qui sont collées
sur les dents, et forment un cintre
à la manière de celles des autres
animaux.

8°. A la forme triangulaire de
toute la tête.

Au reste si cette espèce de singe a
beaucoup plus de ressemblance avec
l'homme, elle a aussi un caractère
plus doux que les autres. *L'homme
des bois* a l'air triste et la démarche grave ; on ne trouve point en
lui l'impatience du magot, ni la
méchanceté du satyre, ni la vivacité pétulante des singes à longue
queue. Si l'on compare le crâne
d'un singe avec celui d'un homme,
on y trouve aussi des différences
très essentielles.

La première et la plus frappante
est le peu d'intervalle qui sépare
les orbites des yeux.

La seconde, l'applatissement du
front couché en arrière. Ce trait est
un des caractères essentiels qui distinguent l'animal d'avec l'homme.

La troisième provient de la forme
de l'ouverture des os du nez. Dans

celui de l'homme il représente un cœur renversé et dans celui d'un singe, il représente au contraire la pointe du cœur en bas, et la base en haut.

Une quatrième différence est celle des traits qui réunissent le front et le nez, dont la racine est placée beaucoup plus haut dans le crâne de l'homme, que dans celui d'un singe.

En cinquième lieu, la mâchoire de l'hommé est, proportion gardée, beaucoup plus large que celle du singe et contient beaucoup plus de dents ; celle-ci se termine trop en pointe, et vue de profil est trop recourbée en avant.

Sixièmement, le menton de l'homme est bien plus saillant que celui du singe. Lorsque les deux crânes reposent sur la machoire

inférieure et sont placés à côté
l'un de l'autre, celui de l'animal
panche si fort en avant, qu'à peine
on apperçoit la face.

Le menton est le caractère distinctif de l'homme : cette vérité
est un axiôme en physiologie. On
n'entend ici par menton que la partie osseuse dépouillée des muscles
et des tégumens ; c'est l'absence
de cette partie qui fait disparaître
le menton dans tous les animaux,
lorsqu'on les voit en face.

Le profil seul offre une septième
différence des plus marquées, elle
tient à la forme et à l'étendue du
derrière de la tête qui dans le singe
est infiment plus oval et plus court
que dans l'homme. D'ailleurs l'angle que forme le bas de la mâchoire inférieure avec la base du
derrière de la tête et presque droit,

tandis que chez nous la mâchoire inférieure se trouve presque dans une ligne horizontale avec l'apophise occipitale dont le singe est dépourvu.

Le singe est donc un animal d'une espéce bien différente de la nôtre et malgré sa ressemblance avec l'homme , il n'est pas méme le premier dans l'ordre des quadrupèdes, puisqu'il n'est pas le plus intelligent. On peut dire avec raison des singes qu'ils sont tout au plus des gens à talens que nous prenons pour des gens d'esprit. La première cause de leur infériorité vient de la petitesse de leur front et du petit volume de leur cerveau; différences très essentielles , et qui les caractérisent trop bien pour qu'on puisse les confondre avec l'homme.

Je ne parlerai ni des oiseaux, ni des poissons, parce que leur forme est si différente de la nôtre, qu'il serait difficile d'établir le moindre rapport entre leur physionomie et celle de l'espèce humaine, je vais terminer ce chapitre par quelques pensées détachées du traité d'*Aristote* sur les animaux.

« Parmi tous les êtres animés qui existent, il n'en est aucun qui ressemble, par sa forme, à un autre être dont il diffère par son caractère, s'il en existait un, ce serait un monstre ; les animaux ont donc leur physionomie.

» Ainsi, l'écuyer juge des chevaux, et le chasseur des chiens, à la simple vue.

» Quoiqu'il n'y ait nulle ressemblance proprement dite entre l'homme et les animaux, il peut

arriver néanmoins que certains traits
du visage humain nous rappellent
l'idée de quelque animal.

» Des cheveux fins sont une
marque de timidité ; rudes, ils annoncent le courage ; et ce signe
caractéristique est du nombre de
ceux qui sont communs à l'homme
et aux animaux. Parmi les quadrupèdes, le cerf, le lièvre et la brebis, qui sont comptés au rang des
plus timides, se distinguent particulièrement des autres par la douceur de leur poil, tandis que la
rudesse de celui du lion et du sanglier répond au courage qui fait
leur caractère. On peut faire la
même observation à l'égard des
oiseaux ; le courage est du côté
de ceux qui sont revêtus d'un plumage hérissé, et les espèces les
plus timides sont précisément celles

dont le plumage est rare et moël-
leux. J'en citerai pour exemple la
caille et le coq. Il ne sera pas difficile d'appliquer ces remarques à
l'espèce humaine. Les habitans du
nord sont ordinairement très courageux , et ils ont la chevelure
rude ; les occidentaux sont beaucoup plus timides, et leurs cheveux
sont plus doux.

 » Le cri des animaux les plus
courageux est simple et ils le pous-
sent sans effort marqué — celui
des animaux lâches et timides est
beaucoup plus perçant. Ces deux
marques indiquent dans une personne comme dans un animal un
caractère faible , timide et soupçonneux.

 » Entre tous les animaux, le lion
parait avoir le caractère le plus
mâle ; sa gueule est grande , sa

Tace quarrée sans être trop osseuse ;
sa machoire supérieure ne déborde
point celle d'en bas , mais s'y em-
boîte exactement ; son nez est plus
grossier que délicat ; ses yeux ne
sont ni trop enfoncés , ni trop à
fleur de tête , son front est quarré ,
un peu aplati au milieu. Tous ces
traits lorsqu'ils se rencontrent dans
un homme indiquent la force et
le courage.

» Ceux qui ont les lèvres épaisses
et fermes et dont la lèvre supérieure couvre celle d'en bas , ont
de l'analogie avec le singe et l'âne.

» Ceux qui ont le col épais et court
sont naturellement colères et ont
de l'analogie avec le taureau irrité ;
ceux qui ont le col mince , délicat
et allongé , sont timides , faibles
et soupçonneux comme le cerf. »

Cette longueur du col annonce

l'habitude qu'on remarque dans les animaux dénués de courage et d'énergie, d'avoir toujours la tête élevée pour découvrir de loin ce qui peut attenter à leur sûreté, et pour écouter le moindre bruit. On remarque aussi que ces animaux à long col ont le son de voix aigre et criard.

VII. DIVISION.

Physionomies nationales.

CHAPITRE PREMIER.

Apperçu général sur les mœurs et la couleur des différens peuples.

LA première et la plus remarquable des variétés de l'espèce humaine est celle de la couleur, la seconde celle de la forme et de la grandeur, et la troisième celle du naturel des différens peuples. Je me bornerai à donner un

apperçu de tout ce qu'il y a de plus général et de plus avéré dans les voyageurs dignes de foi.

En parcourant la surface de la terre (*) et en commençant par le nord on trouve en Lapponie et sur les côtes septentrionales de la Tartarie une race d'hommes de petite structure , d'une figure bizarre dont la physionomie est aussi sauvage que les mœurs. Ces hommes qui paraissent avoir dégénéré de l'espèce humaine , sont en assez grand nombre et occupent de vastes contrées ; ils ont le visage large et plat, le nez camus et écrasé, l'iris de l'œil jaune-brun et tirant sur le noir, les paupières retirées

____

(*) Lisez les variétés de l'espèce humaine par *Buffon.*

vers les tempes, les joues extrêmement élevées, la bouche très
grande, le bas du visage étroit,
les lèvres grosses et relevées, la
voix grêle, la tête grosse, les cheveux noirs et lisses, la peau basanée : ils sont très petits, trapus
quoique maigres : la plupart n'ont
que quatre pieds de hauteur, et
les plus grands n'en ont que quatre
et demi. Cette race est, comme
l'on voit, bien différente des autres,
il semble que ce soit une espèce
particulière dont tout les individus
ne sont que des avortons ; car
s'il y a des différences parmi ces
peuples elles ne tombent que sur
le plus ou le moins de difformité.

Les Samoïèdes sont encore plus
trapus que les Lappons ; ils ont
la tête plus grosse, le nez plus
large et le teint plus obscur, les

jambes plus courtes , les genoux plus en dehors , les cheveux plus longs et moins de barbe. Les Groëllandois ont encore la peau plus basanée qu'aucun des autres. Ils sont couleur d'olive foncée ; on prétend même qu'il y en a parmi eux d'aussi noirs que les Ethiopiens. Chez tous ces peuples les femmes sont aussi laides que les hommes et leur ressemblent si fort qu'on ne les distingue pas d'abord. Celles de Groënland sont de fort petite taille ; mais elles ont le corps bien proportionné , elles ont aussi les cheveux plus noirs et la peau moins douce que les femmes Samoïèdes ; leurs mammelles sont molles et si longues qu'elles donnent à téter à leurs enfans par dessus l'épaule : le bout de ces mammelles est noir comme du charbon , et la peau de leur corps est couleur olivâtre très foncée ; quelques voyageurs disent qu'elles n'ont de poil que sur la tête et qu'elles ne sont pas sujettes à l'évacuation périodique qui est ordinaire à leur sexe. Elles ont le visage large, les yeux petits, très noirs et très vifs, les pieds courts aussi bien que les mains, et elles ressemblent pour le reste aux femmes Samoïèdes.

Non - seulement ces peuples se ressemblent par la laideur, la petitesse de la taille, la couleur des cheveux et des yeux ; mais ils ont aussi tous à - peu-près les mêmes inclinations et les mêmes mœurs. Ils sont tous également grossiers, surperstitieux, stupides. Les Lappons-Danois ont un gros chat noir auquel ils disent tous leurs secrets, et qu'ils consultent dans toutes leurs affaires qui se réduisent à savoir, s'il faut aller ce jour là à la chasse ou à la pêche.

Tous les sauvages du nord au dessus des Esquimaux paraissent être de la même race , car ils se ressemblent tous par la forme , par la taille , par la couleur , par les mœurs , et même par la bizarrerie des coutumes. Celle d'offrir aux étrangers leurs femmes , et d'être fort flattés qu'on veuille bien en faire usage , peut venir de ce qu'ils connaissent leur propre difformité et la laideur de leurs femmes , ils trouvent apparemment moins laides celles que les étrangers n'ont pas dédaignées. Chez les nations voisines, comme à la Chine, en Perse, où les femmes sont belles, les hommes sont jaloux à l'excès.

Laboulaye, dit qu'après la mort des
femmes d'un grand du pays, on ca-
che l'endroit où elles sont enterrées
à fin de lui ôter tout sujet de jalousie , de même que les anciens
Egyptiens ne voulaient faire em-
baumer leurs femmes que quatre
ou cinq jours après leur mort, de
crainte que les chirurgiens n'eussent quelque tentation.

Les Tartares occupent un pays
immense en Asie. Ils ont le haut
du visage fort large et ridé , même
dans leur jeunesse , le nez court et
gros , les yeux petits et enfoncés ,
les joues fort élevées , le bas du
visage étroit , le menton long et
avancé , la mâchoire supérieure en-
foncée , les dents longues et séparées , les sourcils gros qui leur
couvrent les yeux , les paupières
épaisses , la face plate , le teint

basané et olivâtre, les cheveux noirs;
ils sont de stature médiocre, mais
très forts et très robustes, ils n'ont
que peu de barbe, et elle est par
petits épis comme celle des Chinois, ils ont les cuisses grosses et
les jambes courtes.

La plupart de ces peuples n'ont
aucune religion, aucune retenue
dans leurs mœurs, aucune décence.
Ils sont tous voleurs, et ceux du
Daghestan qui sont voisins des
pays policés, font un grand commerce d'esclaves et d'hommes qu'ils
enlèvent par force pour les vendre
ensuite aux Turcs et aux Persans.

A mesure qu'on avance vers l'o-
rient dans la Tartarie indépendante,
les traits des Tartares se radoucis-
sent un peu, mais les caractères
essentiels à leur race restent toujours; et enfin les Tartares-Mongoux

qui ont conquis la Chine, et qui
de tous ces peuples étaient les
plus policés, sont encore aujour-
d'hui ceux qui sont les moins laids
et les moins mal faits; ils ont cependant, comme tous les autres,
les yeux petits, le visage large et
plat, peu de barbe, mais toujours
noire ou rousse, le nez écrasé et
court, le teint basané, mais moins
olivâtre.

Le sang des Tartares s'est mêlé
d'un côté avec les Chinois, et de
l'autre avec les Russes-orientaux,
et ce mélange n'a pas fait disparaître en entier les traits de cette
race, car il y a parmi les Mosco-
vites beaucoup de visages Tartares :
mais en général ils ont avec eux
beaucoup moins d'analogie que les
Chinois ; il n'est pas même sûr
que ceux-ci soient d'une autre

race ; la seule chose qui pourrait le faire croire , c'est la différence totale du naturel, des mœurs et des coutumes de ces deux peuples. Les Tartares en général sont naturellement fiers , belliqueux , chasseurs ; ils aiment la fatigue , l'indépendance , ils sont durs et grossiers jusqu'à la brutalité. Les Chinois ont des mœurs tout opposées. Ce sont des peuples mous , pacifiques , indolens , superstitieux , cérémonieux , complimenteurs jusqu'à la fadeur ; mais si on les compare aux Tartares par la figure et par les traits , on y trouvera des caractères d'une ressemblance non équivoque.

Les Mogols et les autres peuples de la presqu'isle de l'Inde , ressemblent assez aux Européens par la taille et par les traits ; mais ils en diffèrent plus ou moins par la couleur. Les Mogols sont olivâtres, quoiqu'en langue indienne *Mogol* signifie blanc, les femmes y sont de couleur olivâtre comme les hommes. Elles ont les jambes et les cuisses fort longues et le corps assez court, ce qui est le contraire des femmes Européennes. *Tavernier* dit, que lorsqu'on a passé Lahor et le royaume de Cachemire, toutes les femmes du Mogol naturellement, n'ont de poil dans aucune partie du corps, et que les hommes n'ont que très peu de barbe.

Les Bengalois sont plus jaunes que les Mogols; et les habitans de la côte de Coromandel sont plus noirs que les Bengalois, ils sont aussi moins civilisés.

Les Indiens en général sont doux, ils ont même des coutumes que la race bouchère et carnivore des

(259)

Européens appelle bizarres. Les Ba-
nianes par exemple ; ne mangent
de rien de ce qui a eu vie , ils
craignent même de tuer le moindre insecte , ils jettent du ris et
des fèves dans la rivière pour nourrir les poissons , et des graines sur
la terre pour nourrir les oiseaux
et les insectes : quand ils rencontrent un chasseur ou un pêcheur ,
ils le prient instamment de se dé-
sister de son entreprise. Si l'on
est sourd à leurs prières , ils offrent de l'argent pour le fusil et
pour les filets , et quand on refuse
leurs offres , ils troublent l'eau
pour épouvanter les poissons , et
crient de tout leur force pour faire
fuïr le gibier et les oiseaux.

Les loix de la religion et du
gouvernement des Indiens sont ren-
fermées dans le *Védam*. C'est un

livre sacré que les Brames prétendent avoir été donné de Dieu aux
hommes. Je vais en rapporter un
morceau qui explique selon moi,
mieux que bien des ouvrages politiques, l'origine de l'inégalité des
conditions.

*Le premier homme étant sorti
des mains de Dieu lui dit : il y
aura sur la terre différentes oc-
cupations, tous ne seront pas propres à toutes ; comment les distinguer entr'eux ? Dieu lui répondit :
ceux qui sont nés avec plus d'esprit,
et de goût pour la vertu que les
autres, seront les Brames. Ceux
qui participent le plus du* Roso-
goun *, c'est-à-dire de l'ambition,
seront les guerriers. Ceux qui
participent le plus du* Tomogoun,
*c'est-à-dire de l'avarice, seront les
marchands. Ceux qui participeront*

(261)

du Comogoun , *c'est-à-dire qui
seront robustes et bornés , seront
occupés aux œuvres serviles.*

On reconnaît dans ces paroles
l'origine véritable des quatre castes
des Indes , ou plutôt les quatre
conditions de la société humaine.
En effet sur quoi peut être fondée l'inégalité des conditions, sinon
sur l'inégalité primitive de force
corporelle ou de talens ?

Il est permis aux femmes des castes
ou tribus nobles du royaume de Ca-
licut, d'avoir légitimement plusieurs
maris , il y en a qui en ont jusqu'à
dix (*). Cette liberté est un privilège
de noblesse que les femmes de condition font valoir autant qu'elles
peuvent , mais les bourgeoises ne

(*) Voyez les lettres Edifiantes du père *Tachard*,
recueil II , page 188.

peuvent avoir qu'un mari ; il est vrai
que dans ce pays là comme dans
le notre, elles savent adoucir la
durté de leur condition.

Les Persans sont voisins des Mogols et ils leur ressemblent assez,
surtout ceux qui habitent les parties méridionales. Le sang des Perses, dit *Chardin*, est naturellement
grossier, cela se voit aux Guèbres
qui sont le reste des anciens Persans, laids, mal faits, pesans, ayant
la peau rude et le teint coloré,
cela se voit aussi dans les provinces
les plus proches de l'Inde, où les
habitans ne sont guère moins mal
faits que les Guèbres, parce qu'ils
ne s'allient qu'entr'eux ; mais dans
le reste du Royaume, le sang Per-
san est devenu fort beau, par le
mélange du sang Géorgien et Circassien. Presque tous les Persans

riches s'allient à des femmes de ces deux nations ; et le Roi lui-même est Circassien ou Géorgien du côté maternel. Comme il y a un grand nombre d'années que ce mélange a commencé de se faire, le sexe féminin est embelli comme l'autre et les Persannes sont devenues fort belles et fort bien faites, quoique ce ne soit pas au point des Géorgiennes.

Pour les hommes, ils sont communément hauts, droits, vermeils, vigoureux, de bon air et de bonne apparence. La bonne température de leur climat et la sobriété, dans laquelle on les élève, ne contribuent pas peu à leur beauté corporelle. Ils sont polis, et ont beaucoup d'esprit ; leur imagination est vive, prompte et fertile, leur mémoire aisée et féconde. Ils ont beaucoup

de dispositions pour les sciences
et les arts. Ils en ont aussi beaucoup pour les armes. Ils aiment
la gloire, où la vanité qui en est
la fausse image. Leur naturel est
souple et pliant, leur esprit intri-
guant et faux ; ils sont galans,
même voluptueux. Ils aiment le
luxe, la dépense, ils s'y livrent
jusqu'à la prodigalité ; aussi n'entendent - ils ni l'économie, ni le
commerce (*).

On lit dans les voyages de *Tavernier* que les femmes du peuple
en Perse ont une singulière superstition. Celles qui sont stériles s'ima-
ginent que pour devenir fécondes,
il faut passer sous les corps morts
des criminels qui sont suspendus
aux fourches patibulaires. Elles

(*) Voyez le voyage de *Chardin.*

croient que le cadavre d'un mâle peut influer même de loin, et rendre une femme capable de faire des enfans. Lorsque ce remède singulier ne leur réussit pas, elles vont chercher les canaux des eaux qui s'écoulent des bains et elles attendent le tems où il y a dans ces bains un grand nombre d'hommes. Alors elles traversent plusieurs fois l'eau qui en sort, et lorsque cette recette ne leur réussit pas mieux que la première, elles se déterminent enfin à avaler la partie du prépuce qu'on retranche dans la circoncision. C'est le souverain remède contre la stérilité (*).

Les femmes dit *Struys*, sont fort belles en Circassie. Elles ont le

____

(*) Voyez les voyages de *Gemelli Careri*.

plus beau teint et les plus belles couleurs du monde, leur front est grand et uni, et sans le secours de l'art, elles ont si peu de sourcils qu'on dirait que ce n'est qu'un filet de soie recourbé ; elles ont les yeux grands, doux et pleins de feu, le nez bien fait, les lèvres vermeilles, la bouche riante et petite, et le menton comme il doit être pour achever un parfait ovale ; elles ont le col et la gorge parfaitement bien faits, la peau blanche comme neige, la taille grande et aisée, les cheveux du plus beau noir.

Tavernier dit aussi que les femmes de Circassie et celles de la Géorgie sont très belles et très bien faites, qu'elles paraissent toujours fraîches jusqu'à l'age de quarante cinq ou cinquante ans. Ces peuples ont conservé la plus grande liberté

dans le mariage , car s'il arrive que
le mari ne soit pas content de sa
femme et qu'il s'en plaigne le premier , le seigneur du lieu envoie
prendre la femme , la fait vendre
et en donne une autre à l'homme
qui s'en plaint , et de même si la
femme se plaint la première , on
la laisse libre et on lui ôte son
mari.

Les habitans de la côte de la
nouvelle Hollande sont peut - être
les gens du monde les plus misérables et ceux de tous les humains
qui approchent le plus des brutes,
(*) ils sont grands , droits et menus , ils ont les membres longs et
déliés, la tête grosse, le front rond,
les sourcils épais ; leurs paupières
sont toujours fermées , ils prennent

____

(*) Voyez le voyage de *Dampier.*

cette habitude dès leur enfance, pour garantir leurs yeux des moucherons qui les incommodent beaucoup, et comme ils n'ouvrent jamais les yeux, ils ne sauraient voir de loin, à moins qu'ils ne lèvent la tête, comme s'ils voulaient regarder quelque chose au-dessus d'eux. Ils ont le nez gros, les lèvres grosses et la bouche grande ; ils s'arrachent apparemment les deux dents de devant de la mâchoire supérieure, car elles manquent à tous, tant aux hommes qu'aux femmes, aux jeunes et aux vieux. Ils n'ont point de barbe. Leur visage est long et d'un aspect très désagréable, sans un seul trait qui puisse plaire. Leurs cheveux ne sont pas longs et lisses comme ceux de presque tous les Indiens ; mais ils sont courts, noirs et crépus comme ceux des Nègres.

Leur peau est noire comme celle
de Guinée.

Les peuples de la Perse, de la
Turquie, de l'Arabie, de l'Egypte
et de toute la Barbarie, peuvent
être regardés comme une même
nation qui dans le tems de Mahomet et de ses successeurs s'est extrêmement étendue, a envahi des
terreins immenses et s'est prodi-
gieusement mêlée avec les peuples
naturels de tous ces pays. Les Persans, les Turcs, les Maures se sont
civilisés jusqu'à un certain point,
mais les Arabes sont restés dans
une indépendance absolue qui suppose le mépris des loix ; ils vivent
comme les Tartares, sans règle,
sans police, et presque sans société.
Le larcin, le rapt, le brigandage
sont autorisés par leurs chefs ; ils
se font honneur de leurs vices ; ils

n'ont aucun respect pour la vertu ;
et de toutes les conventions humaines ils n'ont admis que celles
qu'ont produit le fanatisme et la
superstition.

Les Arabes sont forts et robustes , d'une grande taille et assez
bien faits : mais ils ont le corps
et le visage brûlés de l'ardeur du
soleil , car la plupart vont tout nus
ou ne portent qu'une mauvaise
chemise.

En Egypte les hommes et les
femmes sont de couleur olivâtre et
plus on s'éloigne du Caire en remontant , plus les habitans sont
basanés , de sorte que ceux qui
habitent les confins de la Nubie sont
tout-à-fait noirs. Les défauts les
plus ordinaires aux Egyptiens sont
l'oisiveté et la poltronnerie ; ils sont
fort ignorans et par conséquent

pleins d'une vanité ridicule. Les coptes eux-mêmes ne sont pas exempts de ces vices, et quoiqu'ils ne puissent pas nier qu'ils n'ayent perdu leurs sciences, l'exercice des armes, leur propre histoire et leur langue même, et que d'une nation illustre et vaillante ils ne soient devenus un peuple vil et esclave, leur orgueil va néanmoins jusqu'à mépriser les autres nations et à s'offenser l'orsqu'on leur propose de faire voyager leurs enfans en Europe pour y être élevés dans les sciences et les arts. Enfin il n'est point de nation qui prouve mieux que celle des Egyptiens combien l'influence des mœurs et du gouvernement peut, comme je l'ai déja dit, opérer de changement dans le caractère national.

Les Turcs sont un peuple composé

de plusieurs autres. Les Arméniens, les Géorgiens, les Turcomans, se sont mêlés avec les Arabes, les Égyptiens, et même avec les Européens dans le tems des croisades ; il n'est donc guère possible de reconnaître les habitans de l'Asie mineure, de la Syrie et du reste de la Turquie. Tout ce qu'on peut dire, c'est qu'en général le sang est beau en Turquie, et que les hommes y sont robustes et assez bien faits.

Tout le monde connaît l'extrême jalousie des Turcs, qui les porte à faire garder leurs femmes par des eunuques. L'usage de la castration est fort ancien et généralement répandu. C'était la peine de l'adultère chez les Egyptiens ; il y avait beaucoup d'eunuques chez les Romains, aujourd'hui dans toute

l'Asie et dans une partie de l'Afrique on se sert de ces hommes mutilés pour garder les femmes. En
Italie cette opération infâme et
cruelle n'a pour objet que la perfection de la voix. Les Hottentots
coupent un testicule à leurs enfans,
dans l'idée que ce retranchement les
rend plus légers à la course; dans
d'autres pays les pauvres mutilent
leurs enfans, pour éteindre leur postérité et afin que ces enfans ne se
trouvent pas un jour dans l'affliction
où ils se trouvent eux-mêmes,
lorsqu'ils n'ont pas de pain à leur
donner.

Outre cette précaution des Turcs
qui semblerait suffisante pour mettre leur jalousie en repos, on a
soin à Constantinople de choisir
parmi les eunuques, ceux qui sont
les plus horribles. On veut qu'ils

aient le nez fort aplati, le regard affreux, les lèvres grandes et grosses, et surtout les dents noires et écartées les unes des autres ; plus il sont hideux, plus ils sont estimés et plus on les paye cher.

Quel contraste dans les goûts et dans les mœurs des différentes nations ! Quelle contrariété dans leur façon de penser ! Après ce que je viens de dire des soins barbares qu'on prend dans quelques pays pour s'assurer de la fidélité des femmes, imaginerait-on que certains peuples en font si peu de cas, qu'ils regardent comme un ouvrage servile la peine qu'il faut prendre pour ôter à une femme sa virginité? Cette fleur si vantée et si recherchée par certains hommes est méprisée et dédaignée par les autres.

La superstition a porté certains

peuples à céder les prémices des vierges aux prêtres de leurs idoles, ou à en faire une espèce de sacrifice à l'idole même. Des vues purement humaines en ont engagé d'autres à livrer avec empressement leurs filles à leurs chefs, à leurs maîtres, à leurs seigneurs, sans qu'elles en fussent deshonorées.

Au royaume d'Aaracan et aux Isles Philippines, un homme rougirait d'épouser une fille qui n'eût pas été déflorée par un autre, et ce n'est qu'à prix d'argent que l'on peut engager quelqu'un à prévenir l'époux. Dans la province de Thibet, les mères cherchent des étrangers et les prient instament de mettre leurs filles en état de trouver des maris.

On voit que dans ces pays-là

on est bien loin de vouloir faire des amputations par jalousie.

Quant à la physionomie des Eunuques, il y a à remarquer qu'ils grossissent, ainsi que les animaux mutilés, plus que ceux à qui il ne manque rien, si toutefois ils sont naturellement d'une constitution forte, car ceux qui étaient délicatement constitués avant l'opération restent toujours faibles et délicats. En second lieu comme il n'y a plus d'organes pour l'émission de la liqueur séminale, ce superflu de matière se porte sur les extrémités spongieuses des os, ce qui fait que les hanches et les genoux grossissent considérablement chez les Eunuques. Ils ont toujours la voix haute et perçante. Ils n'ont point de barbe. Ce sont tout autant de signes distinctifs qui doivent faire

(277)

connaître le dégré des facultés vi-
riles (*).

Dans le nouveau continent on ne
remarque pour ainsi dire, qu'une
seule et même race d'hommes qui
sont tous plus ou moins basanés.
A l'exception du nord de l'Amérique où il se trouve des hommes
semblables aux Lappons et aussi
quelques hommes à cheveux blonds,
semblables aux Européens du nord,
tout le reste de cette vaste partie du
monde ne contient que des hommes,
parmi lesquels il n'y a presqu'aucune
diversité, au lieu que dans l'ancien
continent on trouve une prodigieuse

____

(*) Cet article peut fournir matière à des observations physionomiques assez amusantes et même
essentielles, surtout à cette portion du genre
humain, qui n'a point à craindre une opération semblable à celle dont je viens de parler.

variété dans les différens peuples!

La raison de cette uniformité dans les Américains , vient sans doute 1°. de ce qu'ils vivent à peu près de la même manière, 2°. de ce que leur climat n'est pas à beaucoup près aussi inégal pour le froid et pour le chaud que celui de l'ancien continent, 3°. parce qu'ils ont vécu longtems comme des sauvages , sans gouvernement et sans société, de sorte qu'on peut les regarder comme un peuple nouveau. Les Péruviens, qui formaient l'état le plus considérable du nouveau monde , ne comptaient que douze Rois dont le premier avait commencé à les civiliser. Par conséquent les Américains n'ont pas eu le tems d'éprouver les variations qu'aurait certainement introduit la diversité des gouvernemens. On peut faire à leur sujet la réflexion

que les naturalistes ont fait au sujet
des animaux. Ceux que la société
a abâtardis varient considérablement
dans la même espèce pour la taille,
la force et la couleur , au lieu que
tous les animaux sauvages de chaque espèce se ressemblent presque
entièrement.

Autant il y a d'uniformité dans
la couleur et dans la forme des
habitans naturels de l'Amérique ,
autant on trouve de variété dans
les peuples de l'Afrique , cette partie
du monde est très anciennement
peuplée. Le climat y est brûlant et
cependant d'une température très
inégale, suivant les différentes contrées ; et les mœurs des différens
peuples sont aussi différentes. Je ne
m'y arrêterai pas, à fin de passer sur le
champ aux nations qui avoisinent la
France.

Les Grecs, les Napolitains, les Siciliens, les habitans de Corse, de Sardaigne, et les Espagnols étant situés à-peu-près sous la même parallèle, sont assez semblables pour le teint, tous ces peuples sont plus basanés que les Français, les Anglais, les Allemands, les Polonais, les Moldaves, les Circassiens, et tous les autres habitans de l'Europe jusqu'en Lapponie où comme je l'ai déja dit, on trouve une autre espèce d'hommes.

Lorsqu'on fait le voyage d'Espagne, on commence à s'appercevoir dès Bayonne de la différence de couleur ; les femmes ont le teint un peu plus brun, elles ont aussi les yeux plus brillans.

Les Espagnols sont maigres et assez petits, ils ont la taille fine, la tête belle, les traits réguliers, les yeux beaux , les dents assez bien rangées ; mais ils ont le teint jaune et basané. On a remarqué que dans quelques provinces d'Espagne , comme aux environs de la rivière de Bidassoa les habitans ont les oreilles d'une grandeur démesurée.

Les hommes à cheveux noirs et bruns commencent à être rares en Angleterre , en Flandre , en Hollande et dans les provinces septentrionales de l'Allemagne ; on n'en trouve presque point en Danemark , en Suède, en Pologne.

Les peuples Tartares ont, comme j'ai déja dit, le nez plat et enfoncé. Les Afriquains l'ont camard ; les Juifs pour la plupart aquilin ; les Anglais cartilagineux et rarement pointu. S'il faut en juger par les tableaux et les portraits, les beaux nez ne sont pas communs parmi les Hollandais. Chez les Italiens au contraire, ce trait est distinctif et de la plus grande expression ; enfin il est absolument caractéristique pour les hommes célèbres de la France. On peut s'en convaincre par les *galeries* de *Perrault* et de *Morin*.

Je vais transcrire ici quelques remarques que j'ai traduites d'un ouvrage Anglais, qui traite des physionomies nationales.

« On ne peut disconvenir qu'il n'existe une physionomie nationale de même qu'un caractère national. Il faudrait pour pouvoir en douter n'avoir jamais observé des hommes de différentes nations, et n'en avoir jamais comparé deux, nés dans des climats opposés. Remarquez le Nègre et l'Anglais, le Lappon et l'Italien, le Français et l'habitant de la **Terre** de Feu. Examinez leur forme, leurs attitudes, et leurs caractères. La différence que vous trouverez en-tr'eux se fera sentir dès le pre-mier coup d'œil, quoiqu'il soit difficile de dire précisément en quoi elle consiste.

» Il me semble plus aisé de dé-couvrir le caractère national par l'examen d'un seul individu, que par l'apperçu général de toute une nation. C'est ce que l'expérience confirme et c'est d'après elle que j'ai recueilli les remarques suivantes.

» Les Français sont le peuple le plus difficile à caractériser. Ils n'ont pas les traits aussi prononcés que les Anglais, ni aussi délicats que les Allemands. On les reconnaît particulièrement à leurs dents et à leur manière de rire. Les Italiens

se font remarquer par un nez aquilin , de petits yeux , un menton
saillant. La forme du front et des sourcils font distinguer un Anglais (*).

» Les Hollandais ont la tête ronde
et les cheveux très fins. Les Allemands sont aisés à reconnaître par
les rides qu'ils ont autour des yeux
et sur les joues.

» Je vais dire un mot des Anglais
en particulier. Ils ont le front court
et bien arqué. Leur nez est ordinairement arrondi et d'une forme
moëlleuse , presque jamais pointu.
Leurs lèvres sont un peu grandes

____

(*) Si l'on essayait (dit *Lavater*) de juger
des nations entières sur telle ou telle partie du
visage , les Anglais obtiendraient la préférence à
l'égard des sourcils. Chez eux ce trait caractérise
toujours le penseur , et je ne risque rien d'ajouter
que l'esprit fertile du Français se manifeste ordinairement par la coupe du nez.

mais bien dessinées. Leur menton est plein et arrondi. On les distingue particulièrement par leurs yeux et leurs sourcils qui sont presque toujours beaux, ouverts et décidés. Leur taille est ordinairement grande, et leurs visages ne sont presque jamais sillonnés par des rides comme chez les Allemands. Leur teint est aussi beaucoup plus agréable.

» Les Anglaises en général sont grandes, d'une taille élancée et bien prise. Elles semblent un composé de moëlle et de nerfs. Elles sont au dessus de tout ce qui est rude, grossier, opiniâtre, autant que le ciel est au dessus de la terre ».

Ces expressions annoncent l'enthousiasme national pour les beautés Anglaises. Nous conviendrons avec l'auteur qu'elles sont remarquables par l'élégance de leur taille :

j'ajouterai même qu'en général la physionomie des Anglaises porte un certain air de candeur et de modestie qu'il serait difficile de trouver à Paris et dans presque toutes les grandes villes de l'Europe : mais il faut convenir aussi qu'elles n'ont pas une tournure aussi élégante que pourrait le promettre la beauté de leur taille. Malgré tous les efforts que cette nation employe pour copier les modes et la tournure des Français, il règne toujours dans la démarche des femmes ainsi que des hommes un air lourd, empêsé, qui les fait reconnaître au premier coup d'œil. Fiers Anglais ! soyez bons, soyez philosophes, soyez profonds, politiques, soyez poëtes et savans, surtout en physique et en astronomie : les Français ne pourront vour refuser cette gloire : mais si vous sortez de votre sphère, si vous cherchez à copier la gaîté etla légerté des Français, croyez-moi, vous cour-rez grand risque d'être ridicules.

Si on veut chercher dans les na-tions le caractère des divers tem-péramens , on trouvera que les Italiens sont colériques , les Français et les Allemands sanguins , les An-glais et les Hollandais flegmatiques , les Espagnols et les Portugais mé-lancoliques.

Les génies sont de tous les pays et c'est une chose digne de remar-que , que rarement la physionomie d'un homme extraordinaire a le ca-ractère national. il serait tout aussi difficile peut-être d'en trouver qui eussent les traits réguliers. L'ex-trême vivacité de l'esprit et le génie poëtique surtout , annoncent une imagination exaltée , c'est-à-dire , un commencement de *folie* qui doit être nécessairement marqué par une certaine irrégularité dans les traits.

J'ai placé au commencement de cette division cinq têtes de grands hommes , qui ne se ressemblent guère entr'elles , et ne me paraissent avoir aucun rapport avec les traits ordinaires des hommes de leur nation.

Le visage d'*Homère* ressemble (dit *Lavater*) à ceux de notre climat et de notre siècle ; et malgré cet air de parenté , plus nous l'examinons , plus il nous inspire de respect. (Voyez pl. *E* , fig. 1.) On y découvre un fond d'énergie et de calme , une fermeté d'ame, une richesse d'idées , une supériorité de génie et des facultés qui fixent notre admiration et forcent nos hommages.

Ce crâne est pour ainsi dire, un ciel poëtique où tout l'olympe s'est transporté. C'est là qu'habitent tous les Dieux, et les héros dont les exploits nous étonnent. Ce nez si bien voûté est fait pour saisir les sensations les plus délicates. Ces yeux enfoncés et privés de la vue annoncent une ame d'autant plus concentrée, et semblent se repaître intérieurement des tableaux qu'une imagination de feu leur présente. Cet esprit n'est point troublé par les passions ; il n'existe que pour lui-même, et le monde qu'il s'est créé suffit pour l'occuper et le satisfaire.

Il serait difficile de retrouver dans *Virgile* (planche *E*, N°. 2.) Le caractère des visages Romains dont j'ai parlé. Vous n'y verrez point la fougue impétueuse de cette nation guerrière et farouche. Cette bouche distile le miel dont elle a chanté les industrieux auteurs , et peint ce sentiment si bien exprimé dans les amours de Didon et d'Orphée.

Le visage de *Shakespear* (pl. *E*, N°. 3,) annonce un esprit créateur, fertile en inventions , et plein des grandes images qu'il répand avec profusion. Ce front large et doucement courbé annonce un génie capable de former le plan le plus vaste, et le plus étendu : mais les esprits se fatigant à parcourir un espace aussi grand , perdront quelquefois de leur énergie et de leur vivacité. Dans ces momens on aura peine à reconnaître le grand poëte : mais on admirera toujours le génie original. Semblable à l'aigle qui fend la nue , plane au haut des airs , et retombe ensuite pour raser la surface de la terre. Nous avions admiré son vol sublime ; et lorsqu'il descend et semble s'abaisser, nous mesurons d'un œil étonné l'espace immense qu'il a parcouru ; et même dans son abaissement nous reconnaissons le roi des oiseaux.

La cavité qui se trouve entre le nez et le front (pl. *E*, N°. 4,) renferme une expression infinie , ainsi que l'arc du nez qui semble fait pour des sensations délicates. Le nez et les joues annoncent un penchant à la volupté douce et à la sensualité. Les yeux vifs et couverts annoncent le goût pour la contemplation, c'est-à-dire l'amour de la solitude et de la rêverie. Ce menton avancé en saillie exprime une grande énergie.

Mais comme il n'est point de figure parfaitement belle , il n'est

pas non plus de caractère sans défaut. Ces lèvres si bien jointes et
un peu enfoncées qui annoncent la
finesse, sont aussi la marque infail-
lible d'une certaine petitesse de caractère qui n'est que trop ordinaire
aux grands hommes. *Racine* mourut
de chagrin d'avoir déplu à *Louis
XIV*. *Voltaire* se désolait des épi-
grammes de *Fréron*; *J. J.* s'offen-
sait de la moindre chose; et le
meilleur des hommes était peut-être
celui dont la société habituelle était
la plus facheuse. Le moindre man-
quement, le moindre oubli, la
moindre inadvertence de la part
d'un ami était pour lui un crime
épouvantable. Son esprit minutieux
à l'excès, pour tout ce qui regarde
la société, fit naître en lui un caractère fantasque et bourru. Sans
jamais faire de mal à personne,

il eut beaucoup d'ennemis, et son imagination ardente en créa encore d'avantage. Croyant voir ses adversaires acharnés à le poursuivre jusques dans ses enfans, il eut le courage, ou plutot la barbarie de les éloigner de lui, pour les confondre dans cette classe infortunée que la misère ou la honte ont réduite à ne jamais prononcer le doux nom de père. Il le fit sans doute par le même principe qui chez certains peuples sauvages porte le fils à attenter par une piété parricide sur les jours de son père accablé d'années, pour le délivrer des maux de la caducité.

J. J. aima mieux ne plus revoir ses enfans, ne plus les presser sur son sein, que de les voir exposés à la haîne de ses ennemis. Egarement étrange et bizarre! Il oubliait sans

doute qu'une telle action leur prê-
tait des armes contre lui.

Faut-il s'étonner ensuite que des
personnes prévenues ayent cru trouver dans ses ouvrages des principes
sauvages et sanguinaires ? On a eu
l'injustice en France d'attribuer à
ses principes une partie des malheurs
qui ont accompagné la révolution,
lui qui prêche dans tous ses écrits
la douceur et la tolérance, lui à
qui une révolution paraissait injuste
et terrible, si elle devait *couter la
vie à un seul homme*, et pour
qui *la liberté était trop chère à
ce prix*.

O vous cœurs sensibles qui vous
réjouissez de retrouver encore dans
un siècle pervers, des cœurs droits
et généreux, arrêtez vous un instant devant l'ombre de votre ami!

Respectez les vertus de *J. J.* et plaignez ses faiblesses!

Dans tous les portraits de *Voltaire*, (voyez planche *E*, N°. 5,) on voit que le caractère des yeux est toujours le même; regard perçant et plein de feu; mais qui n'a rien de gracieux, rien de sublime. On y voit un desir ardent de parvenir à quelque découverte.

On n'y trouve ni bonté, ni cordialité, ni bonhommie. Rien n'y invite à la confiance.

Nous voyons seulement un personnage grand et énergique : mais sa présence ne peut nous agrandir. Un être à la fois grand et bon ne réveille pas seulement en nous les sentimens de notre faiblesse; mais par un charme secret il nous élève au-dessus de nous-mêmes, et nous communique quelque chose de sa

grandeur. Non contens d'admirer,
nous aimons ; et loin d'être accablés
du poids de sa supériosité , notre
cœur agrandi se dilate et s'ouvre
à la joie. Il s'en faut bien que le
visage de *Voltaire* produise un effet
semblable. En le voyant, on a lieu
d'attendre ou d'appréhender un trait
satyrique , une saillie mordante. Sa
vue humilie l'amour propre et ter-
rasse le faible. La malice réside sur
les lèvres. Le creux qui revient souvent dans la ligne mitoyenne de la
bouche est le siège de l'enjouement
et l'un des chiffres du grand alpha-
bet des physionomies.

Je vais rapporter ici un passage
d'*Herder* dans lequel il est question
de ce célèbre auteur.

« *Voltaire* — cet écrivain cente-
naire , qui a gouverné son siècle en
monarque; qu'on lit, qu'on admire

et qui fait autorité depuis *Lisbonne*
jusqu'au *Kamtschatka* , depuis la
nouvelle Zemble jusqu'aux colonies
des *Indes* ; léger , facile et plein
de graces, donnant à ses idées l'essor
le plus étendu , sachant les présenter sous mille formes diverses , et
planant sur des fleurs ; favorisé par
sa langue , et surtout né dans un
pays et dans un tems où il pouvait
mettre à profit le commerce du
monde , ses prédécesseurs et ses
rivaux , les circonstances , les préjugés et les faibles dominans ; sachant
même faire contribuer à sa gloire
tous les Souverains de l'Europe.

» Quelle influence n'a-t-il pas eu
sur ses contemporains ! quel jour
n'a-t-il pas répandu ! comme écrivain, il est sans doute le premier de
son siècle : mais s'il a prêché la tolérance et la philosophie de l'humanité,

s'il a invité à penser par soi-même, s'il a peint sous des formes aimables au moins des apparences de vertu — d'un autre côté, combien n'a-t-il pas introduit d'insouciance, de froideur, d'incertitude et de scepticisme! avons-nous beaucoup gagné à cette érudition superficielle qui ne reconnaît ni plan ni règle, à cette philosophie qui n'a pour base ni la morale, ni la vraie humanité?

» On connaît la grande cabale qui s'est élevée pour et contre lui ; on sait combien ses idées différaient de celles de *Rousseau*. Peut-être est-ce un bien qu'opposés l'un à l'autre, ils se soient tous deux érigés en réformateurs. Tout ce que pense et sent un grand génie destiné par le sort à produire des *révolutions*, ne peut sans doute être mesuré à la règle commune que suit chaque esprit vulgaire. Il est des exceptions d'une espèce supérieure ; et presque tout ce qu'il y a au monde de remarquable est produit par ces exceptions. Les lignes droites vont toujours dans la même direction ; elles laisseraient tout à la même place, si au milieu des astres qui suivent un cours régulier, la Divinité ne se plaisait à lancer aussi des comètes, qui dans leur cours excentrique sont sujettes à tomber, mais se relèvent de leur chûte, pour monter si haut que l'œil humain ne saurait les suivre. »

CHAPITRE II.

Physionomies de quelques personnes qui ont figuré dans la révolution.

Planche F.

LE nez et le front du N°. 1; indiquerait une certaine énergie; mais elle est presque entièrement étouffée par le flegme qui est singulièrement exprimé par la forme de la bouche et surtout celle du menton. Un gros bon sens, même quelquefois de l'esprit, une bonhommie extrême un caractère capable de grandes actions, mais cédant trop facilement aux conseils

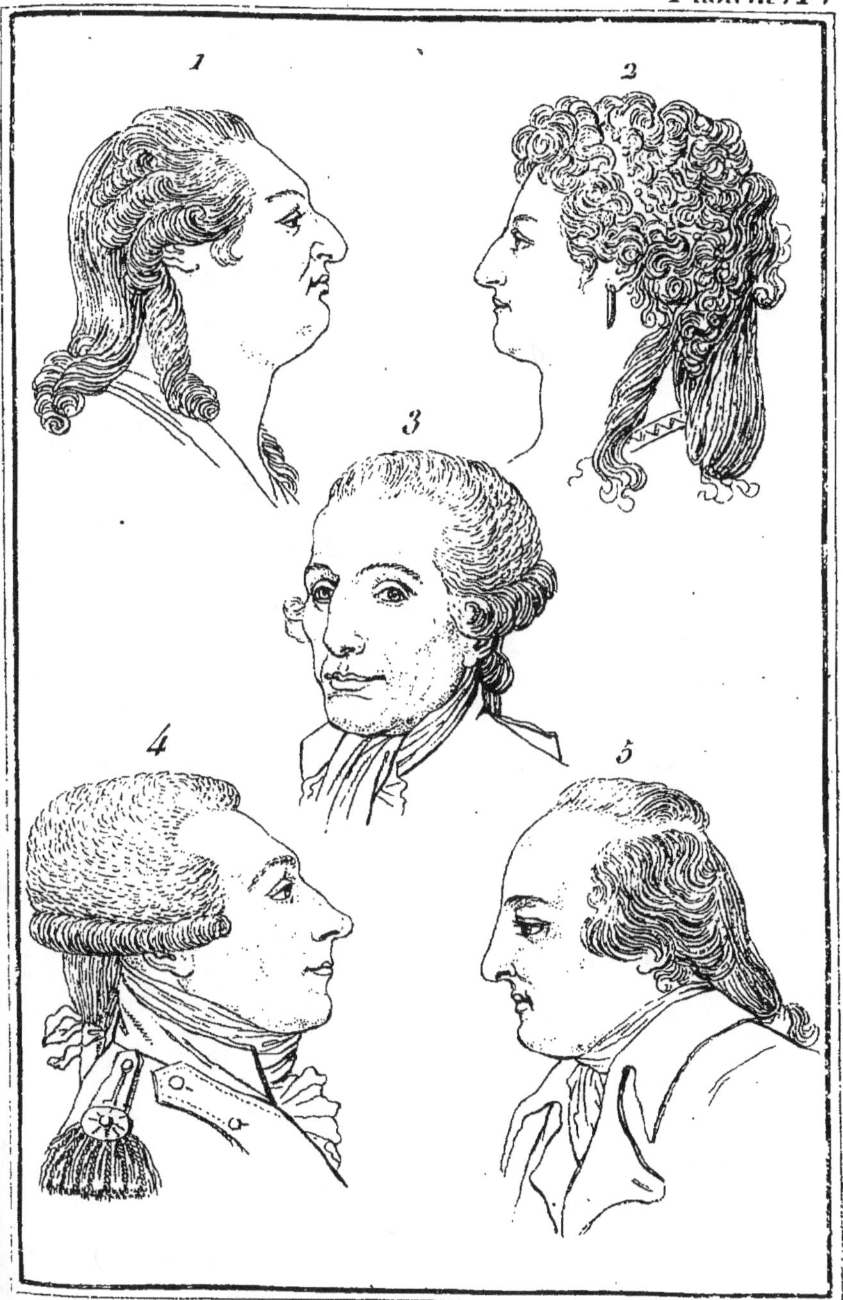

1
2
3
4
5

de tout le monde. Sans cesse par-
tagé entre l'amour du bien qui est
dans son cœur et la crainte du mal
qu'il veut éviter, l'rrésolution est
son partage. Aimant tout le monde
et n'aimant personne, il aura peut-
être beaucoup de partisans , mais
peu d'amis.

Ce beau front annonce du jugement et l'ensemble du visage offre
les indices de la bonté et de la vertu :
mais l'engourdissement des esprits
et la paresse excessive qui en est
la suite arrêtant les effets de la vo-
lonte , la réduiront à de vains projets , à des actions sans nerf et sans
caractére.

Si les graces , l'amabilité pouvaient
faire excuser une prétention extrême
et beaucoup de légerté, on n'aurait

rien à reprocher à la physionomie du
N°. 2 , Ce front annonce de grandes
facultés intellectuelles ; mais l'os de
l'œil est trop peu prononcé et indique par conséquent un défaut d'é-
nergie et de réflexion.

Ce nez aquilin serait l'indice de
passions vives ; mais le haut du nez
n'ayant point l'enfoncement nécessaire à l'endroit où il se joint à la
voûte du front, ces passions seront
passagères , et se borneront presque
entièrement aux plaisirs des sens.

J'ai déja dit (page 1o9 , première partie,) que la colère courbe
les traits et les aiguise , on peut
dire la même chose de toutes les
passions vives. Or les nez aquilins
sont courbés et ordinairement poin-
tus ; ils indiquent donc un caractère passionné. Comme ces sortes de
nez s'écartent de la belle proportion

des formes grecques que j'ai pris
pour modèles de beauté , il s'ensuit que la courbure est une irrégularité , ainsi que l'enfoncement.

C'est une chose à observer que
les défauts des grands paraissent
une perfection à bien des personnes.
Cela est vrai au physique comme
au moral. Depuis long-tems les
souverains de l'Europe ont des nez
aquilins, nos yeux se sont accou-
tumés par dégrés à cette forme. Nous
avions commencé par trouver à ces
sortes de nez un air de noblesse et
de supériorité, et nous avons fini par
les trouver même agréables , au
point qu'il y a un grand nombre
de connaisseurs qui les estiment autant que des nez réguliers. Nous
avons à cet égard la même prévention que les Nègres ont pour l'excès
contraire, lorsqu'ils écrasent le nez

de leurs enfans. Il serait dès lors inutile de vouloir persuader que le nez d'Appollon soit plus beau que le nez d'un perroquet. Chacun à ses idées en fait de beauté. Je me contenterai d'observer que le nez aquilin et pointu annonce en général des passions vives, une imagination ardente, et si cette forme n'est tempérée par les indices de la réflexion, ou que la saillie de l'os de l'œil ne présente pas un obstacle au cours des esprits, c'est-à-dire, lorsque sous la voûte du front, entre les deux yeux, on ne trouve pas un certain enfoncement, on a à craindre un défaut de jugement. Une telle personne peut d'après cela faire de belles actions et commettre aussi de grandes fautes, suivant les circonstances, et suivant l'éducation qu'elle a reçue.

Cette physionomie annonce un heureux naturel, de grands moyens, de la grandeur, de la générosité : mais sans la prudence le principe des plus grandes vertus est quelquefois une nouvelle source de fautes.

Une grande pénétration, un jugement exquis, une humeur paisible et tranquille, de la fermeté sans durté, de la douceur sans mollesse, de la grandeur d'ame et une extrême sensibilité, voilà le caractère du N°. 3. Une activité élastique et le besoin d'être utile, se manifestent dans ce regard profond et vif. Les mêmes qualités reparaissent dans les sourcils pleins d'énergie et d'aménité, dans le contour du front et de la tête, où tous les angles et toutes les nuances sont si

bien ménagés, dans ce nez cartilagineux et large, sur ces lèvres où
règne la candeur et la persuasion.

De l'esprit , de la bravoure ,
de la hardiesse dans les projets,
mais peu de constance et de tenue
dans leur exécution. Des mœurs,
de la conduite, beaucoup de douceur et d'aménité , un caractère
affable voilà ce qu'annonce le N°. 4,
mais ce front aimable , épanoui ,
que j'ai comparé dans cet ouvrage à
celui d'un chien caressant, annonce
un but , un desir caché , une soif
de gloire et d'ambition. Cette physionomie ne manque ni de feu ni
d'énergie : mais ces yeux trop doux
pour un guerrier , ces cheveux faibles et mous , cette couleur délicate
sont les indices de la douceur d'un

sybarithe, plutôt que d'un courage romain. Un tel homme sera brave dans les armées mais timide dans le conseil.

La France offre plus que tout autre pays des exemples fréquens de caractères tout-à-la-fois braves et efféminés. Nos officiers ont été les premiers à quitter l'ancienne cuirasse. Ceux qui ne craignaient pas d'affronter la mort redoutaient la fatigue, et le desir de conserver leurs jours les touchait moins que le poids d'une armure ne les incommodait.

***

La forme trop arrondie du front et celle du menton indiquent dans le N°. 5, beaucoup de flegme et un grand défaut de prudence. De beaux yeux pleins d'expression, une figure aimable annoncent dans ces traits encor jeunes, de flatteuses espérances : main bientôt les excès dans les plaisirs, et plus encore les inquiétudes d'une ame dévorée d'ambition et du desir de la vengeance, imprimeront les traces de la laideur sur ce visage qui devait-être le miroir de la vertu. Preuve terrible que la dépravation du cœur influe sur les traits de celui qui s'abandonne au dérèglement des passions.

1
2
3
4
5

Planche G.

Personne ne regardera le N°. 1 , comme un homme ordinaire, ce regard plein de feu , ce front , ces sourcils, cette saillie de l'os de l'œil, annoncent un génie profond ; ce n'est pas la douce persuasion qui coule de ses lèvres, c'est un torrent d'éloquence et de feu qui brûle et entraîne tout. Vous ne trouverez point dans ses discours des phrases coulantes, des fleurs de rhétorique , son génie oubliera l'arrangement des mots , pour se livrer à la force des idées. Dédaignant la route vulgaire , il créera une nouvelle langue, de nouvelles expressions ; chaque phrase , chaque mot sera un trait de lumière , une étincelle électrique. L'ensemble de ce visage annonce un penchant extrême à la gourmandise et à la volupté. Un tel homme sacrifie tout à ses passions. Il est quelquefois sensible à l'amour et à l'amitié, mais il n'est fidèle qu'à ses plaisirs.

Ces lèvres pincées et pressées l'une contre l'autre annoncent dans le visage de *Robespierre* N°. 2, une cruauté inexorable. La pointe très aigue du nez et son enfoncement à la chûte du front, indiquent une colère refléchie et capable des plus grands excès. La voûte du front est le signe d'une certaine faiblesse qui est toujours le partage des ames sanguinaires.

Voici ce qu'on rapporte de son extérieur. « *Robespierre* était aussi

disgracié dans sa taille et ses attitudes que dans les traits de son visage. Sa taille était mal dessinée,
sans justesse dans ses proportions et
sans grace dans ses contours. Il avait
dans les mains , dans les épaules,
dans le col, dans les yeux, un mouvement convulsif. Il portait sur son
visage livide , sur son front qu'il
ridait fréquemment , les marques
d'un tempérament bilieux ; ses manières étaient brutales ; sa démarche
était tout à-la-fois brusque et pesante :
les inflexions aigres de sa voix frap-
paient dèsagréablement l'oreille ; il
criait plutôt qu'il ne parlait ».

Plusieurs personnes ont voulu
regarder *Robespierre* comme un
homme sans moyens : je ne saurais
être de leur avis. Quel que soit un
chef de parti, il serait difficile de
lui refuser de l'esprit et de l'énergie.

Il faut de l'esprit pour former des projets, et du jugement pour en diriger l'exécution ; il faut de l'énergie pour ne pas se rebuter par les obstacles effrayans qu'une révolution naissante offre nécessairement à un chef de parti ; il en faut pour cacher sans cesse les secrets sentimens qui l'agitent, et pour réprimer à chaque instant l'expression des passions prêtes à le trahir. Celui qui ne sait se vaincre lui-même ne peut se faire obéir. De plus : il faut, j'ose le dire, une certaine force pour être impitoyable ; et à la honte de l'humanité, on est forcé de convenir que, parmi les grands hommes qui ont marqué dans les révolutions, la plupart ne se sont élevés que sur des monceaux de morts. *Pierre* qu'on a surnommé le *Grand*, *Cromwel, Auguste*, n'ont regné qu'à force de meurtres et de proscriptions ;

(313)

et si quelque chose pouvait prouver
que la civilation des hommes est un
état forcé et contre la nature, ce
serait la réflexion accablante qu'il
faut être inexorable pour regner en
paix, et que la grande science des
législateurs et des souverains est cette
espèce de fausseté et de dissimulation, qu'on a décorée du beau nom
de *politique*.

L'art de persuader est nécessaire
à celui qui veut opérer quelque
changement dans une religion ; mais
en politique on ne connait d'autre
argument que la force. Ce droit
imprescrisptible donné par la nature et qui ne s'éteindra jamais,
tant que le loup féroce l'emportera
sur le timide agneau, la force dis-je,
ne pouvant résider dans les mains
d'un seul, l'ambitieux est obligé
de distribuer une partie de sa

puissance à des agens subalternes,
sans cependant leur permettre d'aller
trop loin, de peur qu'ils ne deviennent bientôt ses tyrans.

Le mensonge, l'hypocrisie, la
dissimulation sont donc les moyens
sans lesquels un innovateur ne réussit jamais dans ses vues ambi-
tieuses.

Mais ces qualités politiques ou
plutôt ces horribles défauts, car
la philosophie ne saurait leur donner
un autre nom, doivent principalement appartenir aux agens du pouvoir
suprême. Commander, subjuguer,
renverser tous les obstacles, ou-
blier tous les droits les plus sacrés
de la nature, voilà le code d'un
chef de parti — ramper, flatter,
emprunter la voix de la persuasion,
pour masquer les injustices et les
cruautés de son supérieur, voilà

le rôle d'un subalterne. — Un orgueil demesuré , un génie atroce,
inflexible, et la force sont le partage
du premier — la timide ambition ,
une fausse douceur, et le talent de
persuader sont le partage du second.

Il n'est donc pas aisé d'être chef
de parti , il n'est pas aisé d'être
son agent avec succès , encor moins
de terminer le grand œuvre d'une
révolution. Et parmi le grand nombre d'ambitieux qui ont cherché à
renverser les loix ou la constitution
de leur pays , à peine en compte-t-on
un sur cent qui aît réussi dans ses
projets, et se soit soutenu jusqu'à
la fin.

Si quelqu'un doute encore de la
vérité des observations physionomiques , qu'il fixe la figure de *Robespierre* ; qu'il examine ses yeux
vifs et pénétrans , son regard sombre

et farouche, ses narines retirées,
la contraction de ses lèvres : il re-
connaîtra sans peine dans ses traits
l'homme ambitieux, atroce, hai-
neux et vindicatif.

Rien dans le N°. 3, ne porte
l'empreinte de la cruauté et de la
haîne; et si entre ce visage et celui
de *Marat* N°. 5, il fallait deviner
le coupable, celui qui ne connaî-
trait ni l'un ni l'autre de ces personnages, prendrait à-coup-sûr
Marat pour l'assassin, et *Charlotte
Corday* pour une victime innocente.
— Tant il est vrai que c'est l'habitude du crime, ou du moins le
penchant habituel qu'on a à le commettre, qui laisse une impression
sur la physionomie.

Qu'on suppose *Seïde* armé par

Mahomet du poignard du fanatisme. Il n'aurait pas le visage d'un
criminel — cette fameuse juïve sain-
tement homicide, s'il faut en croire
le peuple juif, qui coupa la tête à
Holopherne était belle , comme
Charlotte , ses traits étaient plutôt
faits pour inspirer la volupté que
la crainte.

Si l'on voulait trouver dans ces
sortes d'exemples des argumens contre la vérité des physionomies. Qu'on
se rappelle ce que j'ai dit page 41 ,
première partie, qu'un homme heureusement né dont l'organisation est
délicate et dont les fibres s'irritent
aisément , peut dans certains momens se laisser entraîner au crime.
Telle fut sans doute l'infortunée
Charlotte. Quelque utile que fut
l'excès auquel elle se porta , il
me serait difficile de l'excuser. Je

n'examinerai pas même les raisons qui la déterminèrent. Quelques grandes et quelque sublimes qu'elles fussent, elles ne sauraient justifier un meurtre. On sent combien la conséquence serait terrible, s'il était permis d'assassiner celui qui nous parait coupable. Pour juger l'odieux d'une telle action, on n'a qu'à songer que les principes de *Charlotte* dans ce moment, étaient les mêmes que ceux du monstre dont elle délivrait la terre.

On me dira peut-être que l'action de *Judith* a été regardée comme un trait d'héroisme — je répondrai qu'elle n'a été célébrée que par les juifs et que tous les philosophes de toutes les nations, l'ont regardée comme une trahison abominable.

La vie d'un homme, a dit *Voltaire*, est dans ses écrits. On peut dire la même chose du caractère et de la physionomie d'une personne. L'ame de *Charlotte Corday* , se peint dans les lettres qu'elle écrivit de sa prison. Je vais en rapporter une qui annonce qu'elle était fanatisée par *l'amour de la paix* , comme *Marat* prétendait l'être par *l'amour de la liberté.*

Lettre de Charlotte Corday à Barbaroux.

Aux prisons de l'Abbaye , dans la ci-devant chambre de *Brissot* , le second jour de la *préparation de la paix.*

« Citoyen , vous avez desiré le détail de mon voyage , je ne vous ferai point grâce de la moindre anecdote. Arrivée à Paris , je fus loger rue des Vieux-Augustins , hôtel de la Providence ; je fus trouver de suite *Duperret* votre ami, et je ne sais comment le comité de sûreté générale a été instruit que j'avais conféré avec *Duperret*. Vous connaissez l'ame ferme de ce dernier ; il leur a répondu la vérité, j'ai confirmé sa déposition par la mienne, il n'a rien contre lui, mais sa fermeté est un crime ; je craignais, je l'avoue ; je l'ai engagé à vous aller trouver ; il est trop têtu : je me décidai donc à l'exécution de mon projet.

» Le croirez-vous ? *Fauchet* est en prison comme mon complice, lui qui ignorait mon existence ; mais on n'est guère content de n'avoir qu'une femme sans importance à offrir aux mânes du grand homme. Pardon aux hommes, ce nom déshonore votre espèce, c'était une bête féroce, qui allait dévorer le reste de la France par le feu de la guerre civile ; maintenant, vive la paix, grâces au ciel, il n'était pas né Français.

» Quatres membres de la convention nationale se trouvèrent à mon premier interrogatoire. *Chabot* avait l'air d'un fou, *L*....... doutait m'avoir vue le matin chez lui ; je n'ai jamais songé à cet homme ; je ne lui crois pas d'assez grands moyens pour être le tyran de son pays, et je ne prétendais pas punir tout le monde. Tous ceux qui me voyaient pour la première fois, prétendaient me connaître depuis long-tems.

» Je crois qu'on a imprimé les dernières paroles de *Marat*, je doute qu'il en ait proféré. . . . . .

» J'avoue que j'ai employé un artifice perfide pour qu'il pût me

recevoir ; je comptais **en partant**
de Caen , le sacrifier sur la cime
de la montagne de la convention ;
mais il n'allait plus à la convention. A Paris , l'on ne conçoit pas
comment une femme inutile , dont
la plus longue vie ne serait bonne
à rien , peut sacrifier sa vie de
sang froid , pour sauver tout son
pays : je m'attendais bien à mourir
dans l'instant. Des hommes courageux et vraiment au-dessus de
tout éloge , m'ont préservée de la
fureur bien excusable des malheureux que j'avais fait ; comme j'étais
vraiment de sang - froid , je souffris
des cris de quelques femmes.

» Mais qui sauve sa patrie ne
s'apperçoit point de ce qu'il en
coûte , puisse la paix s'établir aussi-
tôt que je le desire , voilà un grand
criminel à bas , sans cela nous ne

l'aurions jamais eue : je jouis de la paix depuis deux jours, le bonheur de mon pays fait le mien ; je ne doute pas que l'on tourmente mon père qui a déjà bien assez de ma perte pour l'affliger. . . . .

» Je vous prie, citoyen, et vos collègues, de prendre la défense de mes parens si on les inquiète ; je n'ai jamais haï qu'un seul être, et j'ait fait voir mon caractère : ceux qui me regretteront se réjouiront de me voir jouir du repos dans les Champs-Elysées avec les *Brutus* et quelques anciens ; il est peu de patriotes qui sachent mourir pour leur pays ; ils sont presque tous égoïstes : on m'a donné deux gendarmes pour me préserver de l'ennui ; j'ai trouvé cela fort bien le jour, mais non la nuit, je me suis plainte de cette indécence, le comité n'a pas jugé à propos d'y faire attention ; je crois que c'est de l'invention de *Chabot* ; il n'y a qu'un capucin qui puisse avoir ces idées. . . . .

» Il est bien étonnant que le peuple m'ait laissé conduire de l'Abbaye à la Conciergerie ; c'est une preuve nouvelle de sa modération. Dites-le à nos bons habitans de Caen : ils se permettent quelquefois de petites insurrections que l'on ne contient pas si facilement. C'est demain à huit heures que l'on me juge ; probablement à midi j'aurai vécu, pour parler le langage Romain.

» On doit croire à la valeur des habitans du Cavaldos, puisque les femmes même de ce pays sont capables de fermeté. Au reste j'ignore comment se passeront les derniers momens de ma vie , et c'est la fin qui couronne l'œuvre. Je n'ai pas besoin d'affecter d'insensibilité sur mon sort , car jusqu'ici je n'ai pas la moindre crainte de la mort. Je n'estimai jamais la vie que par l'utilité dont elle devait être. . . . .

» *Marat* n'ira point au Panthéon ; il le méritait pourtant bien. Je vous charge de recueillir les pièces propres à faire son oraison funèbre.

. . . .

» Je vais écrire un mot à mon papa, je ne dis rien à mes autres amis. Je ne leur demande qu'un prompt oubli , leur affliction déshonorerait ma mémoire. Dites au général *Wimphen* que je crois lui avoir aidé à gagner plus d'une bataille , en lui facilitant *la paix* ; adieu, citoyen, je me recommande au souvenir des *amis de la paix.*

» Les prisonniers de la Conciergerie, loin de m'injurier comme
les autres personnes des rues,
avaient l'air de me plaindre. Le
malheur rend toujours compatis-
sant, c'est ma dernière réflexion. »

Mardi 16, à 8 heures du soir.

Au Citoyen *Barbaroux*, député,
à la convention nationale, réfugié
à Caen, rue des Carmes, hôtel
de l'Intendance.

CORDAY.

Si vous avez jetté quelquefois
les yeux sur les chefs de parti qui
se sont prononcés dans la révolution Française, vous avez vu toutes

ces physionomies suivre la marche des évènemens et se rembrunir de plus en plus, jusqu'au moment où une heureuse réaction a rendu le calme à la France éperdue. Vous avez vu dis-je, les physionomies s'enlaidir successivement et prendre le caractère de férocité que nous avons souvent remarqué en frémissant sur des visages noircis par le crime, et qui n'offraient à nos yeux que les restes déformés d'une figure humaine.

Tels sont les numéros 4 et 5, *Danton*, *Marat* noms immortels, car la scélératesse passe à la postérité ainsi que la vertu ; et l'immortalité est à-la-fois la peine de l'un et la récompense de l'autre. — La plume se refuse à retracer le caractère de ces deux hommes sanguinaires, dont l'un semble né pour méditer et combiner le crime, et l'autre pour l'exécuter.

Quittons un moment ces tristes souvenirs pour nous occuper d'idées plus consolantes ; et opposons à ces physionomies atroces du crime, celles où nos yeux aimeront à retrouver les traces de la grandeur d'ame et de la vertu.

1
2
3
4
5

Planche H.

Le nez du N°. 1, annonce un peu de penchant à la colère et aux plaisirs des sens. La ligne du front dénote un génie profond. L'ensemble de cette figure laisse entrevoir une vivacité concentrée et adoucie par le flegme de la sagesse et de la prudence, on y voit un caractère aimable, un génie conciliateur. Et qui pourrait mieux réussir à concilier les esprits, que celui qui sait commander à ses passions?

N°. 2. Bravoure et loyauté. Je vois dans ce visage un caractère réfléchi, et en même tems un homme qui n'a pas besoin de ré-

(33o)

flexion pour agir , c'est-à-dire qui
sait prendre au prémier coup-d'œil
le parti le plus sage et le plus
héroïque.

———————

N°. 3. Par une prudente économie il sut allier le bonheur de son
pays aux intérêts de son maître.
Censeur juste et sévère , il osa plus
d'une fois lui faire entendre la vérité , son maître était roi et resta
toujours son ami ; c'est assez faire
l'éloge de l'un et de l'autre. Ce
front calme et serein semble le
miroir de son ame. Sa sévérité se
peint dans ses sourcils qui se rapprochent des yeux. Son nez annonce beaucoup d'énergie et de sensibilité. On lit sur le visage de ce sage
ministre , qu'il aimait la vérité par
dessus toutes choses, et que si, en

la disant il avait déplu au roi, il
n'aurait pas regretté les faveurs de
la cour, mais le cœur de *Henri*.

On retrouve dans les traits du
numéro 4 , cette forme oblongue
qui, lorsqu'elle n'est pas trop an-
guleuse , indique toujours la fermeté et le jugement. On reconnait
dans cette physionomie les indices d'un génie extraordinaire capable de former le plan d'une
révolution à jamais mémorable , et
d'une énergie héroïque capable de
l'exécuter, La valeur qui se peint
sur ce visage semble en même tems
modérée par la sagesse et par une
modestie exempte de prétention.
C'est une noble hardiesse ! elle
ne se laisse point aller à la fougue des passions : mais elle est

calme , parce qu'elle a le sentiment de son énergie.

————

N°. 5. Tout annonce dans ce
visage l'homme de bien , l'homme
droit, uni, sincère, ferme, réfléchi et généreux. Tout le flegme
de la philosophie et de la bonté
qui semble regner sur ce visage,
ne peut ternir l'éclair de ces yeux
qui ont su découvrir et diriger
l'éclair du tonnerre. Nouveau Pro-
méthée, ce philosophe a osé, pour
ainsi dire , dérober le feu du ciel et
arrêter cette foudre terrible , ce
phénomène que les pâles humains
n'entendaient qu'en frémissant, et
qu'ils regardaient comme l'instru-
ment terrible de la colère cé-
leste.

Tels sont les genies qui ont

fondé la liberté et la puissance du nouveau monde. Heureuse Amérique ! terre encore vierge , ne crains pas de devenir féconde , tu n'auras pas, comme notre malheureuse patrie , à regretter d'avoir donné le jour à des monstres sanguinaires , et ton sein ne sera pas déchiré par tes propres enfans !

VIII. DIVISION.

Abrégé des principes Physionomiques.

CHAPITRE PREMIER.

Des facultés de l'Homme.

Une des choses les plus remarquables et les plus dignes d'admiration dans l'organisation de l'homme, c'est la rapidité avec laquelle les esprits vitaux et le sang se portent vers les endroits où nous éprouvons une commotion quelconque de plaisir ou de douleur. C'est par ces couriers attentifs et fidèles que l'ame est avertie du bien que lui procure un objet qui lui est convenable , ou du mal qui résulte de la présence d'un corps étranger qui menace ou déchire quelque partie du physique , dont la nature lui a confié le soin. De là vient que si une partie de notre corps est blessée, le sang s'y porte avec abondance, et si le déchirement n'est pas assez considérable pour lui ouvrir un passage, il s'y rassemble et y cause une violente chaleur.

Il en est de même lorsque notre cœur éprouve un mouvement violent; le sang qui s'y porte avec trop d'abondance cause une oppression qui nous empêche de respirer.

C'est par ce principe que nous pouvons expliquer facilement les accès de la fièvre. Il y a des momens où toute la machine souffre , les différentes parties du corps appellent à leurs secours ; et les esprits qui font mille efforts pour remettre l'équilibre , volent de toutes parts sans savoir où s'arrêter ; comme un général d'armée au moment d'une défaite , cherche a rallier ses forces dispersées et à remettre le calme dans l'esprit des soldats , qui ne reconnaissent plus la voix de leur maître. Il les arrête à chaque instant malgré eux , et les ramène au combat.

Enfin après bien des efforts tout rentre dans l'ordre, lorsque l'ennemi est repoussé, c'est-à-dire l'orsqu'une transpiration favorable commence à se manifester. Le corps fatigué par le mouvement extraordinaire qu'il a éprouvé , ne sent plus que l'abattement et le besoin du repos.

L'agitation du sang et des esprits diminue, le rouge qui animait le visage du malade fait place à la paleur.

Le cours des esprits animaux est absolument indépendant de notre volonté, comme la respiration, la circulatian du sang, la sécrétion des alimens, et plusieurs autres opérations auxquelles la volonté n'a point de part. Voilà pourquoi j'ai déja dit à l'article des tempéramens, page 105, qu'il était impossible à une personne de détruire le tempérament qu'elle a reçu de la nature, parce que, pour y réussir, il faudrait changer le cours des esprits; or tout ce que nous pouvons faire est de le suspendre, et seulement pour quelques instans.

C'est une chose que nous éprouvons lorsque nous nous blessons au

pied, ou à la main, ou à une autre
partie du corps ; nous voudrions,
pour ne pas ressentir la douleur,
arrêter le cours de nos esprits. Nous
roidissons nos muscles, le corps se
met dans une tension extrême qui
s'annonce par la pression des lèvres
l'une contre l'autre, nos dents aussi
se serrent fortement, ou même quelquefois nous mordons nos lèvres et
surtout celle de dessous; nos mains
se ferment et se serrent vivement.
Si nous tenons quelque chose dans
ce moment, nous le pressons de
toutes nos forces. Ce soin que nous
prenons involontairement est un
moyen naturel d'empêcher que les
esprits ayant un cours libre, ne nous
apportent avec trop de force le sentiment de la douleur : mais nous
avons beau faire, nous ne pouvons les
arrêter entièrement, ni intercepter

(339)

les fâcheuses nouvelles qu'ils apportent au cerveau.

Cette tension des muscles arrive
encore au moment des jouissances
que nous offre l'amour, parce que
nous craignons malgré nous qu'un
dégré de volupté de plus ne dé-
truise l'équilibre de notre organisation ; c'est pourquoi l'excès du
plaisir se manifeste à peu près par
les mêmes mouvemens que les an-
goisses de la douleur ; il y a même
des personnes à qui dans de pa-
reils momens il échappe des cris
perçans.

Vous me demanderez peut-être
quelle est la nature des esprits animaux ? Aucun auteur n'a encore
rien dit de bien clair là dessus.
Gallien les regarde comme une
exhalaison du sang qui se subtilise
dans le cervau, et se répand dans

les nerfs pour leur donner la vie et le mouvement. Quelle que soit leur nature , elle doit être composée d'atomes infiniment légers et volatils , car leurs opérations sont aussi promptes que l'éclair. Examinons actuellement en quoi les remarques sur le cours ordinaire des esprits dans chaque individu , peuvent nous servir à deviner son caractère , et nous conduire à la connaissance des vrais principes de la *Physiologie*.

Lorsque nous voyons une personne dont la poitrine est large et quarrée , nous ne doutons point que les poumons de cette personne n'ayent plus de force et de développement qu'ils ne pourraient en avoir dans une poitrine étroite et renfoncée ; en voyant aussi des bras nerveux, de larges épaules , des membres proportionnés , nous ne saurions douter que la personne ne soit douée d'une grande force. Les observations physionomiques sont tout aussi claires, et sont fondés sur le même principe ; et ce principe , le voici.

Tout se fortifie en nous par l'exercice. Si nous restions toujours dans l'inaction, les parties de notre corps n'auraient ni force ni accroissement. Ce n'est que le cours des esprits animaux qui leur porte la vie. Or ces esprits adoptent dans chaque individu telle ou telle partie de préférence , suivant les élémens avec lesquels ils ont le plus de rapport. Dans les uns c'est au cerveau qu'ils se portent en abondance; dans les autres c'est au cœur, dans les autres enfin , ils choisissent les nerfs et les muscles, qu'ils se plaisent à fortifier. De là vient que rarement les hommes de génie jouissent d'une grande force corporelle , et réciproquement , les gens très robustes sont rarement favorisés du côté des facultés intellectuelles.

Commençons d'abord par fixer la place où résident les divers tempéramens. Le feu est l'élement le plus subtil , il doit par conséquent habiter la region la plus élevée , c'est-à-dire le cerveau. C'est aussi à cette partie que répond le tempérament colérique.

L'air habite la région moyenne , il se fixe dans la poitrine et autour du cœur , c'est le siège du tempérament sanguin.

La terre et l'eau sont l'une et l'autre placées dans la région inférieure et comprennent les organes qui forment la digestion , c'est-à-dire qui distribuent la force corporelle , et les organes de la génération qui sont destinés a employer une partie de cette force à la propagation de l'espèce. Toutes ces parties du corps sont affectées aux deux tempéramens qui leur repondent, c'est-à-dire au flegmatique et au mélancolique. C'est ainsi que les facultés sont distribuées suivant la nature des individus. Or toutes nos facultés se réduisent à trois, sentir, connaître, agir : elles sont la source de la triple existence qu'on distingue dans l'homme, savoir la vie animale, la vie intellectuelle et la vie morale.

Malgré la liaison qui se trouve entre ces trois facultés, malgré cette union parfaite, qui fait qu'elles ne forment en nous qu'un seul tout, et qu'elles ne peuvent se séparer, elles ont cependant, ainsi que les divers tempéramens, un siège particulier, une résidence particulière, où elles s'exercent de préférence, et où leur expression est plus sensible.

La vie animale est cette faculté qui nous est commune avec tous les êtres vivans, de conserver notre existence, de la propager, de jouir enfin du bonheur que la nature a attaché à satisfaire tous les besoins qu'elle nous a imposés : Or cette vie animale ou physique étant la plus basse et la plus terrestre, c'est dans la partie inférieure du corps que ses facultés ont fixé leur principale résidence, elles comprennent le ventre et les organes de la génération qui sont leur foyer.

La vie intellectuelle comme la plus relevée est dans la tête, et son foyer est l'œil. C'est par elle que l'ame apperçoit les objets, saisit leurs bonnes ou mauvaises qualités; les compare et décide enfin si elle doit les adopter ou les rejetter. Les facultés intellectuelles sont donc tout ce qui regarde l'esprit ; et sous ce rapport, l'homme l'emporte infiniment sur tous les animaux.

L'existence morale habite la moyenne région, c'est-à-dire, la poitrine, et son centre est dans le cœur. C'est dans ce foyer que vont se rassembler toutes les affections de l'ame ; c'est à lui que nous rapportons nos plaisirs et nos peines ; c'est en lui enfin que toutes les passions fixent leur résidence.

Lavater observe que le visage seul est le sommaire de ces trois divisions, le front jusqu'aux sourcils miroir de l'intelligence , le nez et les joues miroir de la vie morale et sensible , la bouche et

le menton, miroir de la vie animale.

Nous voici parvenus au grand principe de la *Physiologie*. Toute partie saillante démontre la force de la faculté qui lui répond, et toute concavité remarquable dénote sa faiblesse. La première est forte parce que les esprits animaux l'ont adoptée et fortifiée, comme nous l'avons dit, par leur cours habituel. La seconde est faible parce que les esprits l'ont négligée et pour ainsi dire abandonnée.

Ayant donc une fois déterminé le rapport qu'il y a entre nos facul-tés et les différentes parties du visage auxquelles elles répondent particu-lièrement, il sera très facile de faire l'application des principes physio-nomiques. Par exemple, la vie animale réside et se manifeste

particulièrement dans la bouche ;
par conséquent une bouche très avan-
cée et de grosses lèvres annonceront
d'une manière indubitable un penchant à la gourmandise et à tous
les plaisirs grossiers.

La vie intellectuelle réside dans
le cerveau et répond au front ; par
conséquent un front avancé annonce
de l'esprit ou tout au moins de la
mémoire.

Le nez et les joues sont le miroir
de la vie morale et sensible, aussi
les personnes qui ont le nez prononcé et des joues saillantes ont
en général de la gaîté, de la sensibilité et de la bonhommie.

Ne vous effrayez pas des nom-
breuses exceptions que vous serez
obligé de faire à ces principes gé-
néraux que je viens d'établir, et
observez que souvent dans un même

visage , tel trait semble annoncer le
contraire de ce qu'un autre trait
vous aurait fait présumer. Ceci n'est
point étonnant. Chacun de nous
n'a-t-il pas en lui deux principes
qui se contrarient à chaque instant?
une passion est combattue par une
autre. Quel est l'homme colère qui
ne s'est pas reproché mille fois ses
emportemens, et qui n'a pas cherché
à les réparer par un excès de bonté?
quel est l'homme jaloux qui ne fait
pas chaque jour mille efforts pour
dompter ses esprits rébelles , même
dans les momens où il ne peut résister aux accès de sa folie ?

Voilà pourquoi l'homme est souvent si différent de lui-même ! —
mais il conserve cependant toujours
son caractère dominant , s'il semble
s'en écarter dans certains momens
de sa vie , ce ne peut être que pour de

petits intervalles. Le naturel revient toujours et reprend son empire. Ainsi remarquez ce qui domine dans une physionomie et vous connaîtrez aussi le caractère dominant; examinez les cavités marquées et vous aurez trouvé le faible d'une personne.

Quant aux tempéramens , il est très facile de les distinguer.

1°. Par la couleur. Le mélancolique est brun , le colérique est jaune, le sanguin est vermeil, et le flegmatique blafard.

2°. Par les formes. Celles des bilieux ou colériques sont vigoureuses et prononcées, celles des sanguins agréables et élégantes. Chez les flegmatiques elles sont rondes et matérielles, chez le mélancolique enfin, elles sont décharnées, sans force et sans vigueur.

3°. Par les attitudes et les gestes.

Le sanguin est vif dans ses mouvemens, le colérique est brusque,
le mélancolique est lourd, et le
flegmatique endormi.

4°. Par leurs dispositions aux sciences et aux arts. Le bilieux aimera la
satyre, le sanguin la poësie érotique
et la haute poësie; le flegmatique pré-
férera le calcul et les mathématiques,
le mélancolique se livrera aux méditations tristes et à la théologie :
ou s'il conserve le goût de la poësie, il ne chantera ni l'amour, ni
les combats, son ame choisira des
sujets plus rembrunis et plus analogues à sa constitution.

Voltaire était bilieux;

J. J. sanguin;

Franklin était flegmatique

Et *Young* mélancolique.

Les différentes expressions des
passions laissent sur la physionomie

des traces qui fournissent aussi un grand sujet d'observations, dont je vais rapporter la substance.

Une figure riante a les joues un peu saillantes et les coins de la bouche relevés. Les yeux de ces personnes ne s'ouvrent jamais entièrement à cause de l'habitude qu'elles ont de relever à chaque instant leurs joues et de fermer les yeux à demi.

Si un homme rit sans que son visage éprouve les mouvemens dont je viens de parler, vous aurez raison de vous en méfier.

D'un autre côté, un homme qui rit toujours est tout aussi peu aimable qu'un homme mélancolique. Vous trouverez en lui une certaine bonhommie, mais en même tems une grande faiblesse d'esprit.

Le visage du rieur perpétuel doit

se dégrader ainsi que son ame , et devenir enfin insupportable.

Le ris moqueur tourné en habitude défigure le plus beau visage ; peu-à-peu les traits s'accoutument à présenter un mélange affreux de joie et de malice. Les yeux se resserrent. La peau voisine de l'œil contracte des plis semblables à ceux que nous remarquons sur le visage de la plupart des fous.

Une figure triste est toujours allongée et les deux coins de la bouche sont abaissés. Une tristesse habituelle dans une personne inspire aussi la tristesse et l'ennui à tout ce qui l'entoure ; et comme elle est presque toujours causée par l'égoisme, elle dégénère souvent en mélancolie. Les pleureurs en général sont le fléau de la société. Lisez ce que j'ai dit des mélancoliques,

(353)

(première partie page 201 ,) les
gens habituellement tristes le sont
par un commencement de jalousie ,
d'avarice , d'ambition et de méchanceté.

Vous reconnaîtrez une personne
colère à ses formes prononcées et
qui se terminent en pointe. Les
esprits animaux poussés avec violence font sur nos traits l'effet d'un
torrent qui dans son cours rapide
entasse des monceaux de pierres
et de sable, et forme des montagnes.
Au contraire des formes grasses et
arrondies annoncent ordinairement
la bonté et la douceur.

Lavater dit que plus un caractère
est efféminé, plus les lignes du visage
sont courbes , et plus le menton recule. Alors presque toujours les contours du visage sont obtus et arrondis et n'ont rien de saillant.

23

Selon le même auteur, un menton saillant est toujours le signe d'un caractère ferme et prudent, d'un esprit qui sait réfléchir.

Il faut remarquer que , comme chaque faculté se fortifie aux dépens des autres , lorsque les esprits animaux ne se distribuent pas également , c'est-à-dire qu'ils agissent beaucoup plus sur une partie du corps que sur les autres , et détruisent ainsi l'équilibre fixé par la nature , alors il se fait un dérangement dans les organes et particulièrement dans le cerveau. Par exemple , un trait fortement prononcé , et trop fort pour le visage auquel il appartient, annonce un penchant à la folie ; et en général, toute irrégularité frappante dans les traits, annonce d'une manière certaine et indubitable un dérangement dans les idées et dans l'esprit d'une personne.

La rudesse ou la douceur de la peau doivent prêter aussi aux observations physionomiques.

Une peau dure dénote une conception tardive, et une peau douce est le signe de la sagacité. Il sera aisé d'en connaître la raison, si l'on se souvient que toutes les idées que nous avons des objets extérieurs nous venant par les sens, et le tact étant infiniment plus délicat dans les personnes qui ont une peau douce, il s'ensuit nécessairement que le cercle de leurs idées est plus étendu, et par conséquent l'esprit a une plus grande facilité. Ainsi un seul de nos sens plus ou moins parfait doit étendre ou rétrécir nos facultés intellectuelles.

Examinez aussi la couleur des personnes. Outre ce que je viens d'en dire en parlant des tempéramens, il y a une observation à faire, c'est que la noirceur de la peau ainsi que la trop grande blancheur sont deux extrémes dont l'un indique la durté et l'autre la faiblesse.

Les Nègres ont moins d'intelligence que les blancs; car leur race est aussi ancienne que la nôtre et cependant ils sont beaucoup au-dessous de nous pour tout ce qui regarde les sciences et les arts. En pénétrant dans des pays inconnus, nous avons trouvé, presque par-tout, des peuplades de Nègres, qui étaient si peu avancées dans toutes les notions humaines, que les Européens ont longtems refusé de leur accorder le nom d'hommes.

Je suis bien loin de partager cette

idée atroce, injurieuse à l'humanité, dans laquelle les Espagnols ont trouvé un prétexte affreux pour excuser leur barbarie. Les Nègres sont hommes comme nous, et si nous les avons surpassés dans plusieurs points, aussi ont-ils conservé plus que nous tout ce qui a rapport à l'instinct naturel. Leur physique est bien plus robuste que le nôtre, et leurs sens ont une perfection dont nous sommes bien loin. On a toujours admiré en eux une grande constance dans le malheur et une énergie extraordinaire. Ils savent souffrir et mépriser la mort. Ils sont, il faut l'avouer, plus sensibles que nous à l'amitié, et à la reconnaissance : mais aussi ils sont en général plus inflexibles que les blancs, et plus terribles dans leurs vengeances.

CHAPITRE II.

Qualités du Physiologiste.

Lavater exige pour première qualité dans celui qui se livre à l'étude des physionomies, d'avoir lui-même des traits agréables et une figure régulière. Mais un tel principe n'en dégoutera jamais personne, car quel est celui qui se rend justice ? D'ailleurs la beauté, comme je lai déja dit, est une qualité qu'on entend de tant de manières, qu'il serait difficile d'en fixer le sens. Il faut donc au physionomiste, non des traits réguliers, mais une figure qui exprime la bonté, parce que pour bien juger

(359)

ses semblables il faut être indul-
gent et bon.

Voici un apperçu des connaissances que *Lavater* exige du physionomiste.

1°. On parvient par l'anatomie
à réduire en surfaces les parties
qui constituent ls corps humain.
On peut observer séparément quel-
ques-unes des parties internes soit
par leur extrémités extérieures ,
soit par la dissection des cadavres ;
d'après cela l'anatomie est nécessaire , non-seulement pour appercevoir au premier coup - d'œil les
irrégularités qui se trouvent dans
les parties solides et musculeuses ;
mais encore pour pouvoir indiquer
ces parties par leur nom. C'est le seul
moyen d'étendre , autant qu'il est
possible , la langue physiologique ;
et cette science étant nouvelle ,

exige une grande facilité à saisir, et même à créer les mots et les expressions dont elle a besoin.

2°. Le physiologiste doit savoir le dessin, pour pouvoir saisir et conserver avec précision, une infinité de signes et de nuances qui ne sauraient être décrits par des mots. Il doit aussi posséder le talent de faire des portraits d'une grande ressemblance.

L'art du portrait fut sans doute inventé par l'amour. Cette heureuse magie qui nous aide à supporter les peines de l'absence, et nous retrace jusqu'au bout de l'univers les traits de l'objet aimé, doit être bien précieuse pour les êtres sensibles! Les rides informes de la vieillesse peuvent flétrir la beauté, des accidens peuvent la changer, la mort, la mort même peut nous la ravir — combien il est doux d'en conserver l'image chérie! cette image qui par un prestige inestimable saura braver les ravages du tems et les coups du sort !

On s'indigne avec raison contre le traducteur mal-adroit qui défigure un excellent original , et qui manque l'esprit de son auteur. Il en est de même de l'art dont nous parlons. L'ame se peint sur le visage ; il faut l'appercevoir pour la rendre sur la toile, et celui qui n'est pas capable de saisir cette expression ne saurait être peintre.

Chaque portrait bien fait est un tableau intéressant, parce qu'il fait connaître l'ame et le caractère d'un individu. Nous le voyons penser, sentir, juger. Nous y appercevons le caractère propre de ses penchans, de ses affections , de ses passions ; en un mot des bonnes et des mauvaises qualités de son cœur et de son esprit. Et à cet égard le portrait est même plus expressif encore que la nature, dans laquelle rien n'est permanent, où tout n'est qu'une succession rapide de mouvemens variés à l'infini ; rarement la nature offre - t - elle le visage de l'homme dans le jour avantageux que le peintre habile peut lui ménager.

Ce serait ici le lieu de parler des peintres qui ont excellé dans le genre du portrait ; mais les bornes de cet ouvrage ne me permettant pas de m'étendre sur cette matière, je me contenterai de dire un mot de *Raphaël*.

On trouve dans toutes ses têtes un beau front bien uni, un long nez remarquable par la largeur du

dos, la bouche presque toujours
entr'ouverte, surtout dans les profils et les demi profils. On voit
aussi dans tous les portraits de ce
célèbre artiste l'image de son caractère tranquille et doux, son penchant à l'amour et à la volupté :
mais ce qui prouve que les plus
grands maîtres s'écartent souvent
de la nature, et ne couvrent leurs
défauts qu'à force de génie, c'est
que, parmi les beautés inimitables
qui règnent dans ses ouvrages,
on trouve souvent des incorrections
dans les dessins. Ce défaut vient
sans doute de ce qu'il ne s'est
jamais attaché à étudier la nature ;
et sans elle, le génie est sujet à
bien des écarts. L'énergie devient
faiblesse dès qu'elle cesse d'être
naturelle. Combien de jeunes artistes se seraient élevés à la hauteur

de nos plus grands-maîtres , s'ils avaient écouté la voix de la vérité, plutôt que de suivre les égaremens d'une imagination fougeuse.

Jeunes peintres, dessinateurs et poëtes ! cherchez la vérité avant toutes choses : soyez corrects , copiez, mesurez la nature : défiez-vous de cette *beauté idéale*, de cette *grande manière*, de ce *haut style*, de ce *goût antique*, de tous ces mots à la mode dont on ne cesse de vous étourdir, dont on prétend échauffer votre imagination , et qui ne servent qu'à vous écarter de la vérité. On passe quelquefois des négligences à un génie du premier ordre, à un peintre d'ailleurs connu pour correct qui pressé par ses idées, les présente à la hâte dans une légère esquisse ; mais ces négligences n'en sont pas moins des défauts réels.

3°. Le physionomiste doit étudier d'abord le tempérament de la personne qu'uil veut examiner, c'est-à-dire sa couleur, et les autres apparences qui résultent du mélange du sang avec les humeurs. Il doit s'attacher surtout à l'étude du systéme nerveux dont la connaissance est plus nécessaire encore que la théorie du sang ; car les nerfs sont les signes extérieurs les plus sensibles de nos passions.

4°. Toutes les affections de l'ame se peignent sur notre visage comme dans un miroir , et surtout au moment ou elles agissent en nous avec plus de force. Il faut donc s'appliquer d'une manière particulière à saisir l'expression des passions , à les combiner entr'elles et en reconnaître les effets.

(566)

5°. L'homme dans les trois ages de sa vie, change à-la-fois de figure et de caractère, c'est à-dire, qu'un enfant ne ressemble point à un adolescent, ni celui-ci à un vieillard. D'après cela chacune de ces trois époques doit avoir un caractère, une physionomie particulière, et doit offrir un grand nombre d'observations. (V. pl. *A*, tome I.)

6°. Les différentes espèces d'hommes, même les animaux par la ressemblance de leur forme extérieure avec la nôtre, servent à nous faire connaître l'analogie intérieure qu'ils ont avec nous.

7°. Tout ce qui entoure l'homme agit sur lui; mais d'un autre côté, il agit sur tous ces objets extérieurs, et sil en reçoit des modifications, il leur communique les siennes. De là vient qu'on peut juger d'un individu par son habillement, sa maison, ses meubles. Placé dans ce vaste univers, l'homme s'y ménage un petit monde à part, qu'il fortifie, retranche, arrange à sa manière, et dans lequel on retrouve son image.

8°. Nous avons déjà parlé dans la première division de cet ouvrage, de la manière d'étudier la *Physiologie*, ainsi nous y renvoyons le lecteur. Mais qu'il se souvienne surtout que de toutes les études nécessaires au physionomiste, la plus importante est celle du cœur humain et celle de son propre cœur. Travaille à te rendre bon, tendre, généreux, pour reconnaître ces perfections sur le visage de tes semblables. Si de viles passions assiègent ton ame, comment pourras-

tu démêler les signes de la vertu
sur des visages peu favorisés de
la nature ou défigurés par acci-
dent ?

9°. Enfin , il faut au physionomiste des momens heureux pour
la composition de ses ouvrages :
mais quels sont ceux qu'il choisira ? Attendra-t-il ces momens de
tranquilité et de calme si rares dans
une vie courte , pleine de troubles
et de soucis ? momens que tous
nos efforts et nos desirs ne pré-
parent point , et ne ramènent pas
quand ils sont une fois passés ;
momens qui sont un présent du
Ciel , et que tout l'or du monde
ne peut racheter ; momens dont
l'insensé ne connait point le prix ,
qu'un froid pédant méprise , et qui
ne sont connus que de ceux qui
savent en jouïr !

Devancera-t-il l'aurore pour se livrer à son travail ? le reprendra-t-il à la fin du jour, lorsqu'après avoir rempli les devoirs d'une vocation pénible, il a besoin de chercher le délassement dans le sein de sa famille, ou dans la conversation d'un ami ? Prodigue de sa santé et de son repos, consacrera-t-il à l'étude les heures de la nuit ? y destinera-t-il ces momens où l'ame ravie dans une espèce d'extase, dégagée en quelque sorte des sens et de la matière, se complait dans une douce rêverie ou poursuit une méditation profonde ? Oui, ces momens délicieux où l'homme se sent élevé au dessus de lui-même, ces momens dont un seul fait naître en nous plus d'idées, de desirs, de pressentimens et d'espérances, que des

jours ou des mois entiers d'application n'en sauraient produire —
voilà , dis-je les momens qu'il doit
choisir pour parler de l'homme ,
pour le peindre et annalyser ses
traits. Mais quel siècle fut jamais
plus défavorable aux travaux du
physionomiste , de l'enfant de la
nature qui prétend écrire , non
comme auteur , mais en qualité
d'homme , non pour le public ,
mais pour l'humanité ? Quels succès
peut-il se promettre ? quels che-
mins se frayera-t-il pour parvenir
à la connaissance du cœur humain ,
et pour s'en rendre maître ? est-il
sûr de faire des impressions pro-
fondes et durables , traversé comme
il l'est, par une foule d'auteurs , et
sans cesse contrarié par la mode ,
les fausses préventions et les pré-
jugés de toute espèce ?

Si l'incertitude du succès est capable de nous attrister souvent au
milieu des études physionomiques,
nôtre ame a aussi bien des momens
de consolation. Que mon ouvrage
ne soit pour bien des lecteurs qu'un
simple passe - tems, c'est encore
un avantage que d'avoir occupé
leur loisir. Si on y trouve peu de
choses utiles et intéressantes, il
sera du moins une source de réflexions. Là je vois des époux qui,
par une connaissance plus appro-
fondie de leurs physionomies, redou-
blent l'un pour l'autre de tendresse
et d'estime. Ici un père de famille
qui observe plus attentivement ses
enfans, la forme, la structure de
leur corps, les contours de leur
visage, leurs traits et leurs gestes,
leur démarche et leur écriture; qui
partage à chacun avec plus de

discernement et de choix la tâche qu'il peut remplir.

Je me représente l'adolescent qui cherche à former des liaisons d'amitié, l'homme fait qui veut choisir une compagne selon son cœur, un père qui veut donner un gouverneur à ses enfans, un homme en place qui veut se donner un sujet capable de le soulager dans son travail. Toutes ces personnes guidées par la *physiologie* sentiront la vérité de ses principes, et reconnaîtront que l'extérieur de l'homme n'est trompeur que pour l'insensé qui ne veut point réfléchir.

Fin de la seconde et dernière partie.

TABLE

Des Divisions et des Matières contenues dans la première partie.

PREMIÈRE DIVISION.

II. DIVISION.

III. DIVISION.

Explication des planches du tôme premier.

Planche *A*, page 3, N°. 1 Une jeune
personne. 2 Une vieille. 3 Un enfant.
4 Un Nègre. 5 Un Singe.

Planche *B*, page 95, N°. 1 Temperament
flegmatique. 2 Sanguin. 3 Colérique.
4 Mélancolique. 5 Mixte.

Planche *C*, page 218. N°. 1 Méditation
d'un homme du monde. 2 Attention
momentanée. 3 Affectation théatrale
d'un homme vuide de sens. 4 Ironie
du trompeur aux dépens de sa dupe.

Planche *D*, page 230, N°. 5 Délibération

d'un homme qui n'est pas fait pour
réfléchir. 6 Air de prétention. 7 Homme
sans cœur. 8 Indifférence flegmatique.

Planche *E*, page 232, N°. 9 Homme
faible qu'on humilie. 10 Prétention
ridicule. 11 Colère d'un homme grossier. 12 Grimace d'un fat.

Planche *F*, page 234, N°. 13 Homme
sans moyens. 14 Air de supériorité.
15 Jeune femme bonne par instinct.
16 Air réfléchi d'une bonne ména-
gère.

Planche *G*, page 236, N°. 17 Un avare.
18 Volupté brutale. 19 Curiosité hé-
bétée. 20 Yvrogne. 21 flegmatique.

TABLE

*Des Divisions et des Matières con-
tenues dans la seconde partie.*

IV. DIVISION.

V. DIVISION.

VI. DIVISION.

VII. DIVISION.

VIII. DIVISION.

Explication des planches du tôme I I.

Planche *A* , page 6 , N°. 1 Colère. 2 Colère mêlée de rage. 3 Horreur. 4 Frayeur. 5 Extrême désespoir.

Planche *B* , page 127. N°. 1 La joie. 2 Le rire. 3 L'amour simple. 4 L'admiration. 5 Le desir.

Planche *C*, page 157, N°. 1 L'espérance.
2 La crainte. 3 L'abattement. 4 La vénération. 5 L'estime.

Planche *D*, page 142, N°. 1 Le mépris.
2 La jalousie. 3 La haine. 4 La tristesse. 5 Les pleurs.

Planche *E*, page 248, N°. 1 Homère.
2 Virgile. 3 Shakespear. 4 J. J. Rousseau. 5 Voltaire.

Planche *F*, page 300, *G*, page 309, et
H, page 329. Physionomies de quelques
personnes qui ont figuré dans la révolution Française etdans celle d'Amérique.

F I N.